パラレル

parallel

憲法から離れる安保政策

半田 滋
Shigeru Handa

はじめに

「台湾有事は日本有事」――。安倍晋三元首相が残した言葉が、その適否が検証されることなく、日本政治の空間にこだまのように響いている。米国の対中戦略に組み込まれ、戦争に近づくほど安全になるという倒錯した考えは、なぜ、広まったのか。繰り返された戦争の歴史は忘れ去られたのだろうか。

20世紀、初めて起きた世界戦争である第一次世界大戦は、毒ガスや戦車、機関銃を戦場へ送り込み、欧州を中心に約3700万人というおびただしい数の戦死傷者を出した。自ら招いた結末に畏怖した政治家は戦争を違法とし、国際紛争を解決する手段として戦争をしないことを規定したパリ不戦条約にたどり着いた。

しかし、巨額の賠償金支払いに窮したドイツではナチスが台頭、欧州で再び戦端を開き、アジアで戦勝の味をしめた日本は再び果実を得ようと中国や太平洋で戦いを始め、第二次世界大戦を呼び込んだ。第二次大戦での戦死傷者は5000万人とも8000万人とも言われている。

文明は人々に利便性をもたらす一方で、原爆をはじめとする強力な殺傷兵器を生み出して人々を不幸に突き落とす諸刃の剣である。多くの人命を失う惨禍を経験した私たちは理性と感情の落としどころを探る作業を続けているが、平和は実現していない。

時代は下り、21世紀を迎えると、東西冷戦に一人勝ちしスーパー・パワーとなった米国に対する同時多発テロが起こり、米国はその報復としてアフガニスタンへ侵攻、次には「大量破壊兵器を隠し持っている」と言いがかりをつけてイラクに侵攻した。

日本政府はテロ対策特別措置法をつくって自衛隊をインド洋へ派遣し、米軍のアフガン攻撃を後方から支え、またイラク特措法を制定して戦火くすぶるイラクへ自衛隊を派遣した。陸上自衛隊がイラクから撤収した後も航空自衛隊は残り、武装した米兵約2万3000人を首都バグダッドなどへ空輸した。

2008年4月、名古屋高裁はこの空輸活動を「米軍の武力行使と一体化していて憲法違反」との判決を出した。「自衛隊の存在」を違憲とした判決は1973年の長沼ナイキ訴訟の例があるが、「自衛隊の活動」を違憲としたのはこの名古屋高裁判決が最初であり、今のところ最後である。だが、判決は派遣の差し止めを認めなかったことから、当時の福田康夫首相は「傍論。脇の論ね」と切り捨てた。

当時、防衛省担当の記者だった筆者は、航空自衛隊幹部が違憲判決に戸惑い、「がっかりした」と話すのを聞いた。米兵を載せた自衛隊の輸送機がバクダッド空港へ着陸する直前、携帯ミサイルに狙われたことを示す警報音が機内に鳴り響き、アクロバットのような飛行を余儀なくされた。命懸けの活動を続けた末に、憲法違反と言われては立つ瀬がない。判決の8カ月後、航空自衛隊は撤収した。

首相官邸で内閣副官房長官補としてイラク派遣に関わった柳澤協二氏はこのほど、筆者のインタビューに応じ、イラクへの自衛隊派遣は「米国を孤立させてはならない」という当時の小泉純一郎首相の政治判断だったと語った。戦闘が続くイラクは相当に危険だったことから、柳澤氏は部隊交代のたび、あいさつに来る指揮官全員に「あなたの仕事は、全員無事で連れ帰ることだ」と伝えていたという。

戦争で荒廃した国土の復興という政府の示した派遣目的は表の看板に過ぎず、実際にはイラクに日の丸を立て続けて「米国と共にある」ことを示すのがイラク派遣の目的だった。2024年4月、アメリカに国賓待遇として招かれ、米議会で「米国と共にある」と演説した岸田文雄首相が米議員から握手攻めにあったのは、米国が求める日米関係の「理想」を初めて言葉で示したからだろう。

柳澤氏は、小泉後継の安倍首相が、イラクに派遣されている最中の自衛隊にまったく関心を示さず、その一方で当時は自民党でさえ求めていなかった憲法改正へ向けて突進する姿を間近で見てきた。

その安倍氏は、一度は首相から退任するものの、執念で復活、第2次安倍政権で憲法解釈の変更に踏み切り、海外における武力行使を容認する安全保障法制をつくってそれまでと次元の異なる対米支援を可能にした。岸田首相は専守防衛を見直し、「敵基地攻撃能力の保有」を閣議決定した。安倍、岸田という二人の首相により、日本は自衛に徹する平和国家から、強力な戦力を有する「普通の国」になり、自衛隊は「米軍の二軍」に近づいた。

名古屋高裁が示した「米軍の武力行使と一体化する活動は憲法違反」との判決は、その後の政策に反映されてはこなかった。それどころか、真逆の方向へ突き進んでいる。違憲判決は「なかったこと」にされたも同然である。三権分立や立憲主義が維持されるまともな世界とは別のパラレルワールドが出現し、私たちは今、その別の世界で生きている。

柳澤氏は、「米国の戦争」と、その戦争で破壊された国土を復旧させる「日本による国づくり」に役割分担された日米の同盟モデルが機能しなくなり、台湾をめぐる中国脅威論の高まりとともに「米国の戦争は日本の戦争だから日本は参戦する」というモデルに変化したと指摘する。イラク戦争では米国の背中を見て歩いていた日本が、対中国では米国と横並びで足並みを揃えたことになる。

岸田首相が国賓として招かれた際の日米首脳会談で打ち出された「指揮統制の連携強化」は、情報力と軍事力で圧倒的に勝る米軍の指揮下に自衛隊が入り、米軍の指図の下で戦う日米一体化を掲げたといえる。さらには米国の同盟国であるフィリピンを軍事面で支援し、「米国の名代」になることも請け負った。「米国と共にある」という言葉には、属国のごとく言いなりになるという意味が込められていると言わざるを得ない。

非武装と不戦を掲げた平和主義の憲法にもとづく世界と、アメリカの軍事戦略にもとづく世界とが、もはや相互に接することさえ不可能なほどにかけ離れてしまった現在の状況を見る時、どこからこのパラレルな状況について考えていけばいいのか、途方にくれてしまうこともある。そのような状況だからこそ、名古屋高裁が出した違憲判決と、それを導き出した人々の取り組みに注目し、その現在的な意味を共有する必要があるのではないか。

名古屋高裁のイラク空輸訴訟をめぐるキー・パーソンは誰かと問われれば、被告側だった柳澤氏、原告弁護団を率いた事務局長の川口創弁護士、そして名古屋高裁で違憲判決を出した青山邦夫裁判長の3人を挙げることができる。まったく違う立場にあった3人はその後、知り合い、交流するようになった。

柳澤氏はイラクで自衛隊に危険な任務を与えたことへの思いから「戦争をさせない運動」に取り組み、川口氏は安保法制の違憲訴訟に加わり、裁判官の退任後に弁護士へ転じた青山氏は、川口氏らと共に活動することを選んだ。

本書は、自衛隊の活動を憲法違反と断じ、裁判によって見解が分かれる平和的生存権を具体的権利と認めた名古屋高裁判決に関わった3人から取材し、その当時の状況や思い、その後の政策の変化に対する評価を聞き出している。3人の物語を防衛省（防衛庁）担当の記者として派遣前から自衛隊の動きを追い続けた筆者が結びつけたものと考えてほしい。

情報公開請求に政府が「黒塗り」で答えたイラク空輸の実態を解き明かし、その事実を書いた新聞記事が違憲判決を受ける原動力になった。たいへんな数の記事が法廷に提出され、証拠として採用された経緯も知りたかった。

なぜ違憲判決は生まれたのか、なぜその後の政治は判決とは180度異なる方向へと突き進んだのか。パラレルワールドに引き込まれた私たちの現在地を詳細に分析し、検証することによって歴史の逆回転をもくろむ筆者の思いが伝われば幸いである。

＊　文中の肩書はいずれも当時。敬称は略させていただいた。

『パラレル――憲法から離れる安保政策』目次

第１章

派遣前夜

自衛隊イラク活動の現実

陸上幕僚監部が密かに計画した「国葬」

２００７年1月9日、防衛庁は「省」に格上げされた。東京都新宿区にある防衛省A棟の玄関前広場。新憲法制定を訴えた作曲家、故・黛《まゆずみ》敏郎が日本音階で作曲した「冠譜及び祖国」を陸上自衛隊中央音楽隊が奏で、栄誉礼が始まった。

安倍晋三首相が、小銃をささげ持つ儀仗隊の前をゆっくり歩く。演壇に立ち、「国防と国際社会の平和に取り組むわが国の姿勢を明確にすることができた。戦後レジームから脱却し、新たな国造りを行なう基礎、大きな第一歩となるものだ」と訓示した。

「戦後レジームから脱却」とは、敗戦後、連合国軍占領下で制定された日本国憲法について、ネット番組で「いじましい、みっともない憲法」とまで批判した安倍にとって、憲法改正を指している。第2次安倍政権で改憲が困難とわかると、その思いは憲法解釈の変更に踏み切ることに向かい、海外における武力行使を解禁した安全保障法制の制定につながった。

ただ、２００７年当時、省への昇格を主導したのは安倍ではなかった。防衛庁で絶大な権力を振るった守屋武昌事務次官（退官後、収賄罪と国会での偽証罪で有罪が確定、服役）が自身の次官就任後、検討を命じたことが発端だ。ライバルを次々に蹴落とし、長くても2年の次官職を、定年延長してまで4年も務め、悲願の省昇格を実現させた。この日午前、首相官邸で開かれた全省庁の次官会議で守屋は「庁」次官の定位置だった末席から「省」の次官が座る上席に移った。「防衛省の次官」になる夢はかなった。

当時、2つの自衛隊海外派遣が同時進行していた。

一つは海上自衛隊のインド洋派遣。米同時多発テロの報復として米国が始めたアフガニスタン攻撃を後方支援する目的で補給艦が派遣され、米軍艦艇などへ燃料の洋上補給が行なわれていた。もう一つは、ブッシュ米政権が「フセイン大統領が大量破壊兵器を隠し持っている」とウソをついて始めたイラク戦争に関わって、アメリカを支持する証としてイラク特別措置法がつくられ、陸上自衛隊がイラクに、航空自衛隊が隣国クウェートに派遣されていた。

これらの海外活動が自衛隊の「功績」となり、省への昇格を後押しした。

話を省昇格の日に戻そう。「長官」から「大臣」になった久間章生防衛相がメモリアルゾーンの慰霊碑に献花した。まつられているのは訓練中に亡くなった1777柱（2024年10月26日現在では2112柱）の自衛官。日本は他国から武力侵攻を受けたことがないので自衛隊は一度として交戦したことはなく、戦死者は一人もいない。1991年の掃海艇ペルシャ湾派遣から始まった海外活動でも銃弾に倒れた自衛官はいない。

だが、イラク特措法を制定した小泉純一郎首相が国会で「殺されるかもしれないし、殺すかもしれない」と語ったイラク派遣は、危険度が違った。

2003年12月、イラク派遣を決めた閣議に前後して、陸上幕僚監部は隊員が「戦闘死」した場合の処遇を密かに検討した。政府を代表して官房長官がクウェートまで遺体を迎えに行き、政府専用機で帰国。葬儀は防衛庁を開放し、一般国民が弔意を表せるよう記帳所をつくるとの案が固まった。棺桶と遺体袋は派遣部隊のコンテナに潜ませた。

陸上幕僚長だった先崎一《まっさきはじめ》は退官後、筆者の取材に「死者が出たら組織が動揺して収拾がつかなくなる。万一に備えて検討を始めたら、覚悟ができた。国が決めたイラク派遣。隊員の死には当然、国が責任を持つべきだと考えた」と振り返った。どうなればイラク派遣は成功といえるのか、明確な指針を示さない首相官邸の意思をくみ取る作業を、先崎は「軍事による政治意思の実現」と言い表した。

派遣準備から逃げ回る首相官邸

憲法上の制約から「必要最小限の実力組織」(政府見解)とされる自衛隊は、東西冷戦の終了とともに、それまで米国に求められてきた「西太平洋の防波堤」としての役割が終わり、東アジアの安全を担うよう要求された。日米の役割分担を明記した日米安保共同宣言(1996年)、日本周辺で戦う米軍を後方支援する自衛隊の役割を書き込んだ改定日米ガイドライン(97年)、ガイドラインを法制化した周辺事態法(99年)と、段階的に日米連携が強められ、海外活動を指向した。

サマワ宿営地のゲートに置かれた対戦車弾と重機関銃
（2004年3月11日、イラク南部のサマワで＝筆者撮影）

米軍支援の範囲が日本およびその周辺から世界へと広がったきっかけは、2001年9月の米中枢同時テロを受けたインド洋派遣とそれに続くイラク派遣だった。だが、性急な任務拡大は、政治家と制服組との関係をぎくしゃくさせる副作用を生んだ。

イラク特措法が施行された2003年8月が過ぎても首相官邸は派遣時期を示さず、福田康夫官房長官は「防衛庁でやれることをやればいい」と突き放した。防衛庁からすれば、イラク派遣に向けた「準備指示」がなければ、財務省への予算要求、派遣隊員の訓練など一切の準備を始めることができない。自衛隊海外派遣の際、自衛隊の最高指揮官でもある首相が毎回、発してきた命令の一つが準備指示である。

国連平和維持活動（PKO）を例にすれば、首相の決断した準備指示を官房長官が発表し、防衛庁長官が陸海空幕僚長に指示する。これを受けて、自衛隊は要員選定や訓練を始め、必要な装備品の購入に着手する。明文化された規定ではないが、この流れは首相によるシビリアンコントロール（文民統制）を確保する上から慣例化していた。

防衛庁が準備指示を求めるようになったきっかけは、１９７２年の沖縄返還にさかのぼる。返還と同時に自衛隊が沖縄に基地や駐屯地をつくり、部隊配備することが決まっていたが、その準備として隊員の家財道具を事前に船便で運んだことが「自衛隊の独走」として問題になった。国会が紛糾し、船便で運んだ荷物を本土に引き揚げる騒ぎに発展した。

当時の事情を知る防衛省の元幹部は「これ以降、問題になりそうな自衛隊活動の前には、必ず首相の指示を仰ぐようになった」という。実際、１９９２年のカンボジア派遣から始まったＰＫＯ派遣ではいずれも準備指示が首相から出されてきた。

イラク特措法が成立した２００３年7月26日の直後から、陸上幕僚監部では派遣に備えた検討が始まった。陸幕の佐官は「8月中には数回にわたる現地調査団を派遣することになるだろう」と見通していたが、官邸は沈黙したまま。9月の自民党総裁選挙、11月の衆院選挙を控え、イラク派遣が政治テーマとなることを避ける狙いがあったからだ。

しかし、米国の派遣要請を受けた首相官邸は「年内派遣」を決断済みだった。内々に派遣地域、活動内容などの検討を進めてきた防衛庁では、準備指示の文書に長官が印を押すだけという段階に至っていた。日本政府としては同年10月に予定されたブッシュ米大統領の来日の際、イラク派

サマワ宿営地の航空写真、1辺が1キロメートルあり、広大
（統合幕僚監部提供）

遣を明確に伝える計画があり、それに必要な日数を逆算して準備を開始するには、ブッシュ来日までに所定の手続きを済ませる必要がある、というのが防衛庁の判断だった。

10月14日、石破茂防衛庁長官が官邸で福田康夫官房長官と会い、段取りに理解を示すよう求めた。ところが、福田長官は15、16両日の記者会見で「防衛庁でできることがいろいろあるはずだ」「防衛庁で判断すること」と突き放した。

このタイミングを外すと、イラク派遣を争点にしたくない官邸は衆院選挙が終わるまで何もしない事態が予想される。かといって、防衛庁の判断で正式な準備に着手した場合、文民統制からの逸脱が問われるのは必然であり、さらに財務省が予算執行を認めるのか、派遣される隊員の士気に影響しないかといった問題が出てくる不安があった。

ブッシュ米大統領が大統領専用機エアフォースワンで羽田空港に降り立ったのと同じころ、石破長官は密かに先崎陸上幕僚長と津曲《つまがり》義光航空幕僚長の二人を長官室に呼び、できる限りの準備をするよう命じた。

この直後に防衛庁で定例の記者会見があった。石破は陸上幕僚長、航空幕僚長の二人を長官室に呼んだこと自体を否定した。そして「できる作業が何であるか、具体的に言うことは控えたい」と派遣準備を秘密裏に進めることを示唆した。

石破は衆院議員であり、シビリアンであることには間違いないが、そもそも防衛庁は内閣府の一外局に過ぎない。予算案、法律案を独自に国会提出することは許されず、すべて内閣府のチェックを受けなければならない。そんな軽量官庁のトップである長官の指示と首相の指示では重みが違う。

案の定、派遣準備に着手した防衛庁に対し、財務省は「防衛庁が勝手に進める派遣準備」とみなしたのか、補正予算の編成を認めなかった。防衛庁は予備費をやり繰りして準備費用を捻出せざるを得なかった。それでも10月末からは入札による装備品の調達が開始され、派遣が予定された北海道旭川市の陸上自衛隊第2師団で派遣要員の選定が始まり、なし崩しのうちにイラク派遣は動き始めた。

事態が正常化するのは、イラク派遣の正式決定を意味する「基本計画」が閣議決定された12月9日である。石破による非公表の幕僚長への指示から始まり、52日間に及んだ「防衛庁の独自判断による派遣準備」は終わりを告げる。この間、「隊員の安全確保」を理由に準備状況は一切公表されなかった。国民の目に触れない形でイラクへの派遣準備は進められたのである。

日本から持参したイラク現地調査の報告書

シビリアンコントロールを政治家による軍への統制と位置づけた場合、2つの目的がある。一つは軍によるクーデターを予防し、軍隊から国民を守るための統制であり、もう一つは軍隊を使っていかに平和を実現するか、国家としての目的を遂行するかを政治が決断し、軍隊を動かすことを指す。

主権者である国民が政治家を通して自衛隊を統制するという原則に照らせば、国民に隠れて闇で進めたイラク派遣の準備は、将来も同じ事態があり得る前例となり、禍根を残したといえる。実は、イラク派遣をめぐるシビリアンコントロールの不在ぶりは、基本計画の閣議決定後も続くことになる。

年が明けた2004年1月、あれだけ準備指示を出すのを嫌がった福田官房長官が積極的にイラク派遣に関与し始めた。もっとも、派遣日程は先行的にメディアが報道するたび、防衛庁に日程変更を指示するという、メディアへの妨害ともいえる関わり方であった。年末に航空自衛隊先遣隊を派遣する際、「12月15日出発」と事前に報道されると一日ずらすよう指示。先遣隊について防衛庁は「1月9日派遣命令、16日出発」としていたが、福田長官のひと声で派遣命令が「8日に前倒し」「10日に先送り」と二転三転した。

陸上幕僚監部の佐官は「簡単に日程を変えられると思ったら大間違いだ。部隊行動なので派遣される人数は先遣隊といえども30人に上る。民間航空機の座席を簡単には別の便に移せないし、駐屯地での式典には家族も地元首長も来る。影響が大きすぎる」と憤った。

会見で日程変更について聞かれた福田長官は「防衛庁に相談したことはあるが、指示はしていない」と釈明した。もちろん防衛庁では相談などとは受けとめておらず、毎回変更を余儀なくされた。防衛庁背広組の内局幹部は「日程漏れは隊員の安全に関わるから」と福田長官を擁護したが、「自分も知らない日程が報道されることに我慢がならないだけ」と解説する別の幹部もいた。

よくも悪くも官邸が自衛隊に関心を持ち始めた矢先、再び奇妙なことが起こる。1月16日に陸上自衛隊の先遣隊が出発してクウェート経由でイラク南部の活動予定地サマワに到着したのが同月20日。それから3日後には2人の先遣隊員が帰国、小泉首相に現地情勢を「治安は比較的安定している」と報告した。2人が作成した調査報告書は防衛庁を通じて、与党にも示され、本隊の派遣命令につながっていく。

2人がサマワにいたのは正味一日だけだ。しかし、彼らが作成した調査報告書をもとに、イラクへの本隊派遣は正式に決まった。筆者の取材に応じた元陸幕長は立場上、政府を批判できない現職自衛官に代わって怒りをぶちまけた。

「たった一日で報告書が書けるはずがない。日本であらかじめ作成しておいた報告書を持って出発し、サマワ入りした直後に持ち帰ったというのが真相でしょう。派遣される立場の自衛隊に現地調査を命じているから何かあっても制服組の責任になる。これでシビリアンコントロールといえるのか！」

この指摘は官邸がついに出さなかった準備指示にも当てはまるだろう。官邸による責任放棄によって、派遣準備は防衛庁・自衛隊が勝手に始めたことになり、イラク派遣にゴーサインが出せるよう報告書を書いたのも自衛隊となれば、すべての責任は自衛隊に帰することになる。

小泉首相が「殺されるかもしれないし、殺すかもしれない」と答弁した通り、イラク派遣は過去のPKOとは比べものにならない危険地域への派遣である。実際、派遣から撤収までの2年半の間にあったサマワ宿営地へのロケット弾攻撃は13回22発に上り、うち4発が敷地内に落下している。隊舎と同じ材質の物置コンテナを突き破ったこともあった。

ロケット弾攻撃に対処するため、陸上自衛隊は密かに宿営地の要塞化を決めた。日本の演習場に土嚢で囲まれたコンテナを置き、実際に迫撃砲を撃ってコンテナに影響が出ないかを調べ、安全性を確認できたところでサマワ宿営地のコンテナを土嚢で覆った。この作業に1年かかり、完成後、隊員らは外出を極力控え、宿営地にこもった。撤収までの残り1年半、活動らしい活動は行なわれなかったことになる。

現地にいた約550人の隊員の恐怖と緊張は、想像するに余りある。延べ約5600人の派

サマワ宿営地の対弾施設、土嚢の中に隊員宿舎のコンテナがある（統合幕僚監部提供）

遣隊員のうち21人が帰国後、自殺した。隣国クウェートを拠点にしていた航空自衛隊員は延べ約3600人のうち8人が在職中に命を絶った。派遣された隊員の心のケアを担った陸上自衛隊の元医官で精神科医の福間詳は「現地で過度な緊張が続き、帰国後に急に心身が『解放』された落差で異常が出る例が大半」と語り、心を病んだのは1000人以上と推測する。

政治家に見捨てられた陸上自衛隊

軍事のプロである自衛隊幹部たちは危険な派遣となることを十分、承知していた。それだけに責任を放棄したも同然の官邸に対する不満と怒りは強かった。政治家に見捨てられ、隊員たちは自らの安全を確保するためにさまざまな手を自分たちで打たざるを得なくなった。

例えば、サマワ宿営地で行なったのが、地元住民を雇用して施設を復旧する作業を任せたことだ。本来、施設復旧が任務の派遣部隊が行なう計画だったが、現地入り後、部隊を守るには治安の安定が欠かせず、そのためには高い失業率を解消する雇用対策が必要と判断して、方向転換した。

しかし、事業を立案し、そのために国費を使うことは自衛隊の任務になく、認められていない。そこで外部から講師を招いた時に支払う「諸謝金」を転用して労賃に充てた。この年度の「諸謝金」は、宿営用地を借り上げた残金の1億円強。幹部は「毎月1000万円で安全を買っている」と派遣部隊の不安定な立場を解説してみせた。

なぜ、自衛隊にカネも権限も渡さないのかといえば、旧日本軍が予算の編成権と執行権を一手に握り、組織を肥大化させて太平洋戦争に突入していった過去があるからだ。政府は自衛隊発足時に、技術開発は技術研究本部（現・防衛装備庁）、契約は調達実施本部（装備施設本部を経て防衛装備庁に統合）、用地買収は防衛施設庁（廃止）と、多額のカネが動く分野を自衛隊から切り離した。

イラク派遣では、現地で雇用が行なわれたにとどまらず、イラク派遣のために特別に組まれた補正予算の執行は、それを本来ならば担当すべき背広組ではなく、陸上幕僚監部の経理担当、つまり制服組に任された。また外務省は陸上自衛隊の求めに応じ、サマワのあるムサンナ州に政府開発援助（ODA）のうち、上限2000万円までの「草の根無償資金援助」の適用を認めた。

これには裏話がある。派遣されて間もない2004年4月20日、業務支援隊長の佐藤正久1

第１次業務支援隊の佐藤正久１佐。この後、外務省との協議のため一時帰国する（2004年３月８日、イラク南部のサマワで＝筆者撮影）

佐（現・参議院議員）が密かに帰国した。業務支援隊は、ムサンナ州やサマワ市の当局者と会って施設復旧など求める案件を聞き取り、それを実動部隊の復興支援群が実行することで自衛隊の活動を円滑に進ませる役割がある。渉外活動を行なう、いわば「制服の外交官」だ。

佐藤1佐が帰国したのは、現地で高まる要求に対し、具体的な回答を日本から持ち帰るためだった。サマワでは自衛隊への不満が高まっていた。地元紙の世論調査では「自衛隊派遣を有益とは思わない」との回答が51％を占め、「思う」の43％を上回った。だが、占領軍に反対するデモが行なわれる一方で、自衛隊を応援するデモも行なわれ、サマワ市民は揺れていた。

サマワの治安維持を担当するオランダ軍の兵士が手りゅう弾攻撃で死亡した翌日から、自衛隊はイラク人を使って国道補修工事を開始した。補修工事は3カ所で同時進行することになり、治安情勢の悪化とは裏腹に支援活動は拡大した。襲撃におびえて縮こまるより、雇用を求める地元の声に応え、協力者を増やすことが部隊の安全確保に直結すると考えたからだ。佐藤1佐はこうした事情を説明し、外務省は自衛隊の活動に初めて「草の根無償資金援助」を充てることを決めた。

これとは別に、隊員たちは商社マンさながらに宿営地の賃借契約やクウェートから毎日届けられる物資の調達契約を行なった。武器と弾薬は愛知県営名古屋空港から、チャーターしたロシア製の超大型輸送機「アントノフ」に載せた。イラクへ海上輸送した車両は200両、コンテナ400個、品目にして45万点に上った。撤収作業に入った2006年6月、イラク南部で軽装甲機動車が横転、隊員3人が大けがをしてドイツの米軍病院に搬送された。この移送も陸上自衛隊が手配した。

少しずつではあるが、確実に陸上自衛隊が「独り立ち」の道を歩み始めた。それは旧軍への先祖返りでもある。海上自衛隊が自衛艦隊司令部、航空自衛隊が航空総隊司令部といった統合司令部を持っていたのに対し、陸上自衛隊は自らを律するように北部、東北、東部、中部、西部と5つの方面総監部に分かれ、勢力を統合しない配慮を続けてきたが、省昇格をきっかけに自衛隊の海外活動が付随任務から本来任務に格上げされたのを受けて、2018年統合司令部にあたる陸上総隊を発足させた。岸田政権が「敵基地攻撃能力の保有」を閣議決定したのを受けて、2025年3月には陸海空自衛隊の司令部を束ねる「統合作戦司令部」が新編された。

政治がイラク派遣の全体像を描こうとせず、場当たり的な対応を続ける一方で、文字通り命懸けで知恵を絞った自衛隊によって活動の方向性が示され、イラクでの任務遂行は実現した――このことを私たちは歓迎してよいのだろうか。

自衛隊法が改正され、国際活動が本来任務として位置づけられた現在、海外活動で隊員に死傷者が出たことを理由に部隊を撤収させるのは難しい。さらに安保法制によって武力行使できる範囲が、それまでの「日本の領域およびその周辺の公海、公空まで」（政府見解）との制約が取り払われ、その結果、憲法が規定した日本防衛とは無関係の海外へ隊員が送り込まれ、加害者にも被害者にもなりうる事態が呼び込まれることになった。

イラクにおける命懸けの活動を通じて、制服組の発言力は強まり、イラク派遣中の2006年4月、陸海空自衛隊でばらばらだった部隊を動かす運用部門を集約するための新機関「統合幕僚監部」が誕生した。新しいポストの統合幕僚長が事実上、三自衛隊の運用を束ねるのは「機能する自衛隊」をつくり上げることに狙いがある。ただ本来、統合幕僚長は首相や防衛相のスタッフとして助言する役割があり、正式な指揮官ではない。そのねじれを解消するため、統合幕僚長から指揮権を切り離して誕生させたのが「統合作戦司令部」である。「機能し、戦う自衛隊」の総仕上げといえる。

力をつけ始めた制服組

陸海空の統合運用が効果を上げる場面は、航空自衛隊の輸送機で陸上自衛隊の隊員を運び、海上自衛隊の輸送艦が陸上自衛隊の武器類を輸送するといった離島や海外で展開される軍事作戦である。

この統合運用を陸海空の幕僚長3人が話し合い、それぞれの部下たちの反対を押し切って実現した事実を軽視するべきではない。運用が統合される一方で、陸海空の各幕僚監部からは運用部門が消え、武器や弾薬を購入する防衛力整備と隊員の教育・訓練に特化された。各幕僚監部の機能を縮小してでも統合運用を強化するのは、機能する自衛隊を目指す制服組の意気込みを示したといえる。

制服組の伸長ぶりに対し、イラク派遣で露顕した頼りないシビリアンコントロールが相対的に衰退し、劣化していくおそれがあることは否定できない。どれほど法律を制定し、安全保障政策を整えたとしても最後に実行するのは自衛隊である。

懸念されるのは権限が制服組に集中するのと同時並行して「おごり」の兆候が見え始めたことだ。

2024年になって自衛隊関係者の靖国神社への集団参拝が次々に明らかになった。陸上幕僚監部の副長である陸将が部下たちを率い、また海上自衛隊の練習艦乗員らが集団で訪れた。氏子総代にあたる崇敬者総代には元陸幕長が就任し、宮司に元海将が就任した。戦中まで靖国神社は陸軍省と海軍省の管轄だった。先の大戦の肯定とも取られかねない行動や人事は、旧日本軍への先祖返りを疑わせる。

現在進行形ながら日本で報道されていない事実がある。将官クラスで退官した自衛隊ＯＢたちが台湾に招待され、シンポジウムに出席して「中国による台湾侵攻が起きた場合、自衛隊が台湾軍と共に戦う」と空手形を乱発していることだ。もとより日本と台湾との間に国交はなく、退官した元自衛官に自衛隊を統率する権限もない。ＶＩＰ扱いされ、現地でお追従を重ねる愚行は「おごり」そのものではないか。

台湾の軍事アナリスト、黄柏彰（ポール・ファン）は民進党の政治家が繰り返す「日本と台湾は運命共同体」との言葉に賛意を表す自衛隊ＯＢについて、実は日本政府から特命が与えられているのではないかと疑い、調査のため２０２３年4月、来日した。筆者からそのような権限は与えられていないことを説明すると、「では、なぜ無責任な発言を続けるのだろうか」と首を傾げた。台湾でそのような発言をする元将官の人数を聞くと「数えきれない」という。

海外派遣が本格化する前までの自衛隊ＯＢは退官後も現役当時と同じように政治的発言を避ける傾向があった。自らの発言が世論に影響を与え、その結果、自衛隊が非難される事態を招かないよう慎重に振る舞う自制心があったからだ。それがどうだ。安倍政権で憲法解釈が変更され、海外における武力行使の解禁という危険な役割が求められるようになると、勝ち誇ったように強硬論を繰り出すＯＢが続出した。彼らの批判の矛先は今、安倍と距離のあった石破首相、中国、韓国との関係改善に尽力する元防衛相の岩屋毅外相に向けられている。

見てきたようにイラク派遣を通して力をつけ、その力を韜晦《とうかい》してきたのが自衛隊だ。憲法の制約などクソ食らえというパラレル世界の幕が開き、自制の糸は緩み始めた。充足率９割という隊員不足に加え、２０２３年度の採用人数は募集に対して51％と過去最低となって自衛隊はどん底まで落ちた。残ったのは、パワハラ、セクハラを続ける多くの古参隊員と、軍拡予算の中で部隊にあふれ返る兵器ばかりである。

第２章

イラク空輸
違憲判決の真相

ミサイルから逃れる火の玉「フレア」をまき散らす

航空自衛隊の地獄は、２００６年7月に陸上自衛隊がイラクから撤収した、その後に待っていた。

米兵を載せた空自のＣ１３０輸送機がバグダッド空港へ近づくと、毎回のように携帯ミサイルに狙われたことを示す警報音が機内に鳴り響いた。左右に旋回を繰り返し、高高度から着陸するまで滑走路めがけてらせん状に降下する異常な飛行が続いた。足元のバグダッドでは米軍と武装勢力の戦闘が繰り返され、運ばれた米兵は時を置かずして戦場へ向かった。

この空輸活動について、名古屋高裁は２００８年4月17日、「イラクにおいて行われている航空自衛隊の空輸活動は、……イラク特措法を合憲とした場合であっても、武力行使を禁止したイラク特措法2条2項、活動地域を非戦闘地域に限定した同条3項に違反し、かつ、憲法9条1項に違反する活動を含んでいることが認められる」（傍点筆者）と違憲判決を出した。

自衛隊の活動が「違憲」と裁判所に認定されたのは最初であり、今のところ最後である。

この判決が出るまでのいきさつを調べ、裁判官はなぜ憲法判断にまで踏み込んだのか、政府はどう受け止めたのか、それぞれ当事者に聞く必要があると考えながらも、証言を得るには冷却期間ともいえる時間の経過が必要だった。どれほど間を置くのが適切だったのかはわからない。

2024年夏、取材依頼に快く応えてくれた3人のインタビューを行なうことができた。「はじめに」で紹介した通り、1人は首相官邸で安全保障政策を担当した元内閣副官房長官補の柳澤協二だ。小泉純一郎、福田康夫、安倍晋三、麻生太郎という4人の首相に仕えた。2人目はイラク空輸訴訟の原告弁護団事務局長を務め、違憲判決を導いた弁護士の川口創、3人目は名古屋高裁の裁判長として違憲判決を出した青山邦夫である。青山裁判長は空輸を違憲としただけでなく、諸説ある平和的生存権を憲法上の権利と認め、この権利侵害に対する差止請求や損害賠償請求ができることも明快に示した。

自衛隊のイラク派遣は、米国が始めたイラク戦争を小泉首相が世界に先駆けて、この戦争への支持を表明したところ、米政府から「Boot on the Ground（ブーツ・オン・ザ・グラウンド＝陸上自衛隊を派遣せよ）」と求められ、その要求通りにイラク特別措置法（特措法）を制定したことから始まる。

イラク戦争を支持した背景について、柳澤は次のように語る。

「私が就任した2004年4月は、すでに自衛隊が派遣されてイラクで活動を始めていました。なぜ派遣したのかといえば、イラク戦争が始まって小泉総理が支持を打ち出す、アメリカを孤立させないという意味です。小泉さんの非常に政治的な一種の賭け……。もちろん日本がその戦争の中に入っていくことは誰も考えていなかったけれども、戦争が終わったら自衛隊を復興支援のような形で出していく必要があると、当時の福田（康夫）官房長官も小泉さんと同じ認識を共有していた」

当時、米国が開戦の理由に挙げた「フセイン政権が大量破壊兵器を隠し持っている」との主張をめぐっては、国連による査察が行なわれている最中だった。その結果が出るのを待たずに開戦に踏み切った米国に対し国際的な批判が高まり、同盟国のドイツもフランスも派兵を見合わせる中で、なぜ、日本だけが派遣に乗り出したのか。

「とにかくアメリカ。冷戦が終わってアメリカがオンリー・ワンになった。スーパー・パワーになったアメリカとの関係を深めていくしかない。表の理屈は、北朝鮮という大量破壊兵器を持つ国の脅威を前にして、イラクにも大量破壊兵器の脅威がある――実はなかったんですが、そのためにもアメリカに協力していかなければいけない。アメリカを孤立させないという意思がすごく強かった」（柳澤）

航空自衛隊は愛知県小牧市の小牧基地から3機のC130輸送機と隊員約200人をイラク隣国のクウェートに派遣し、イラク南部のサマワに宿営地を置いた陸上自衛隊の交代要員や物資をサマワに近いタリル（現アリ）米空軍基地まで空輸した。

筆者は陸上自衛隊の活動を取材するため2004年2月からサマワに入り、初のタリル便が到着する様子を見に行った。基地の周囲は全長30キロメートルもの鉄条網で囲まれ滑走路は遠い。着陸するC130は豆粒のようにしか見えなかった。

その後、航空自衛隊の輸送機は遠くからでも識別できるようになる。携帯ミサイルを避ける火

2003年12月23日、航空自衛隊の編成完結式があり、派遣される C130 輸送機（愛知県の航空自衛隊小牧基地で一筆者撮影）

炎の「フレア」をまき散らして離陸していくからだ。ミサイルの照準が合ったことを察知すると自動的に発射されるが、空自は安全性を高めるため、狙われていなくても手動で発射した。

当時の航空自衛隊幹部は「やっているのは航空自衛隊だけ。多国籍軍からはおかしな国だと思われているかもしれない」と話した。

過剰に見える防護策について、柳澤は「航空自衛隊には『とにかく何も運ばなくてもいいから、とにかく撃たれずに無事に帰ってきてくれ』と」伝えていたというのだ。派遣のための派遣だったことを隠すことなく話してくれた。

「危険でも大丈夫」と話す安倍官房長官

陸上自衛隊が撤収した2006年7月、航空自衛隊も一緒に撤収する考えはなかったのか。運ぶものがなくなれば、飛行を続ける意味がない。

柳澤は「35カ国のイラク多国籍軍の旗が1つなくなっては困るので、何らかの形で続けなきゃいけない。米軍のニーズが強く働いたという感じはしませんでした。北部のアルビルにある国連施設への物資・人員輸送のニーズがある、となった」と振り返る。

陸上自衛隊の撤収に合わせて、航空自衛隊が検討していたのはイラクとは逆方向への空輸だ。米中央軍の前線司令部があるカタールまで飛び、米軍幹部らをクウェートまで空輸する。その先のバグダッドまでは米軍機で運ぶという構想だった。カタールとクウェート間の空路に危険はなく、民間の定期便も飛んでいた。当時、航空自衛隊幹部は「航空自衛隊による空輸が不可欠というわけではないが、踏み切れば米軍との連携が深まるのは確かだ」と述べたが、米軍からあっさり「カタール便のニーズはない」と断られた。

その結果、ひねり出したのが国連事務所のあるイラク北部のアルビルへの空輸だ。国連職員や国連物資の空輸を中心に行ない、空いた席を利用して多国籍軍（主に米兵）やその物資を空輸する。そのためには米軍が展開するバクダッド空港での離着陸を余儀なくされた。新たな空輸ルートは以下の通りとなった。

月曜日：クウェート 〜 バグダッド 〜 クウェート
火曜日：クウェート 〜 タリル 〜 バグダッド 〜 タリル 〜 クウェート
水曜日：クウェート 〜 バクダッド 〜 アルビル 〜 バグダッド 〜 クウェート

木曜日：クウェート～タリル～クウェート
金曜日：クウェート～タリル～クウェート

当時、この飛行ルートや空輸の中身は公表されていない。市民が首相官邸や防衛省に情報公開請求をしても、「海苔弁」といわれる黒塗りだらけの空輸日報が公開されるだけだった。

イラク特措法は、イラク復興のための支援を「人道復興支援活動」、治安維持を行なう米軍などへの後方支援を「安全確保支援活動」と2つの活動を定義したが、基本計画で自衛隊の活動を「人道復興支援活動が中心」と人道に力点を置くことを明記した。

航空自衛隊の活動は「航空機により人道復興支援物資等を輸送する」とある。これらは海外における武力行使を禁じた日本国憲法に沿った措置といえる。

空輸の優先順位は①人道復興支援物資、②国連などの国際機関職員、③米兵などの多国籍軍兵士、となるはずだが、現実には逆の順番になった。自衛隊撤収後、防衛省が明らかにした空輸の中身によると、空輸した国連職員は2799人だったのに対し、米兵は2万3727人、国連物資は11万2241トン、米軍物資は13万8763トンだった。

空輸の中身を決める手順は、まずバグダッドにいる自衛隊の連絡幹部を通じて、国連イラク支援ミッション（UNAMI）の空輸依頼が航空自衛隊の空輸計画部に入る。その座席を確保したのち、余席をカタールにある多国籍軍航空作戦指揮所（CAOC）と調整して多国籍軍兵士に充てる。

イラク空輸が200回を迎え、司令に報告する航空自衛隊員（2005年12月2日、クウェートのアリ・アルサレム空軍基地＝航空自衛隊提供）

手続き上は、まさしく人道復興支援活動が優先だ。しかし、国連事務所があるアルビル便は水曜日の週1便しかない。その一方で、米軍が展開していたバグダッド便は月曜、火曜、水曜の週3便あり、実際には国連のニーズに合わせた運航ではなく、多国籍軍、米軍のための空輸だったことがわかる。

米兵空輸を行なったのはなぜか。航空自衛隊の空輸全般を指揮した最高幹部は当時、筆者の取材に「国連は運ぶが、多国籍軍は運ばないとなれば、自衛隊は異質な存在と見られてしまう。多国籍軍との連携は日米同盟強化に直結する。われわれは中東の地で日本防衛に寄与している」と述べた。

バグダッド空港への空輸で求められたのはミサイルからの回避行動だった。陸上自衛隊を空輸していたイラク南部のタリルとの往復では一度もなかったことだ。警報が鳴り、回避行動をとった回数について、前出の空輸幹部は「頻繁にある」と驚くべき証言をした。2006年11月には同一地点で何度も警報が鳴る事象が頻発した。

当時、「自衛隊機が狙われているのか」との筆者の問いに、部隊運用を担当する統合幕僚監部運用二課長の松村五郎陸将補は「撃たれたことは一度もない」と質問に直接答えずかわした。それでは機械の誤作動なのか。2006年12月に帰国した第10次派遣輸送航空隊司令の田中久一朗1佐は「『わからない』というのが正確な答えだ。乗員は窓から機外を監視しているが、向かってくるミサイルを見たという目撃証言は上がらなかった」。

誤作動なら、なぜタリルやアルビルで警報が鳴らないのか。ミサイル飛来を排除できないから警報が鳴るたび、毎回、回避行動をとらざるを得ない。

2006年9月、首相官邸。安倍晋三官房長官のもとへ前出の空輸部門最高幹部が報告に出向いた。

幹部「多国籍軍には月30件ぐらい航空機への攻撃が報告されています」

安倍「危ないですね」

幹部「だから自衛隊が行っているのです」

安倍「撃たれたら騒がれるでしょうね」

幹部「その時、怖いのは『なぜそんな危険なところに行っているんだ』という声が上がることです」

政府決定通りの活動を続け、何かあった時に政治家に知らんふりをされては、屋根に上ってはしごを外されるのに等しい。安倍は答えた。「ああ、それなら大丈夫です。安全でないことは小泉首相も国会で答弁していますから」

確かに小泉は国会で「危険だからといって人的貢献をしない、カネだけ出せばいいという状況にはない」と述べている。だが、「危険」は首相のお墨付きだといわれても安心材料にはならない。

憲法違反にならないと考えた首相官邸

首相官邸は超然としていたのだろうか。実際には安全策を模索していた。柳澤は「心配だったのは、バグダッド空港がすごく危険だったこと。砲撃がたくさんありました。だから自衛隊の事務所に大きな土嚢《どのう》を積むんです。とにかく考えられる限りの安全策が必要でした。それまではサマワの出来事について、防衛庁から官邸に来て内閣官房副長官のところで毎日午後3時に会議をやっていましたが、陸上自衛隊の撤退以降はバグダッド国際空港の安全情報、それからバグダッドのグリーン・ゾーン（安全地帯）にある日本大使館への襲撃をすごく心配するようになっていました」と振り返る。

バグダッドや隣接するファルージャで米軍と武装勢力が戦闘を続ける中、武装した米兵を空輸すれば、憲法で禁じた武力行使の一体化になりかねないが、官邸でその議論は行なわれなかった。「そういう問題提起をするとしたら私なんだけど、やらなきゃいけないんだけど、全然そういう議論はしていなかったですね。というのは、それは周辺事態法からの後方地域あるいは非戦闘地域の概念の中にあった『相手は国または国準（国に準ずる組織）かどうか』という問題に照らせば、該当しないから何をやったって武力行使との一体化ではない。もう一つは、後方地域支援として弾薬だって兵隊だって運ぶのだけど、運ぶのはアメリカ軍が戦争をするための拠点まで。例えばバグダッド国際空港までは運ぶ。しかし、そこから先はどこに運ぶのか、どこの前線部隊に持っていくかまで噛んだら一体化かもしれない」（柳澤）

解説が必要だろう。政府は憲法上の制約から海外における武力行使を禁じている。何が武力行使になるかについて、政府は国連平和維持活動（ＰＫＯ）法の国会審議で「国ないし国に準じる組織に対するものは武力の行使になる」（１９９１年９月、工藤敦夫内閣法制局長官）との見解を示し、イラク特措法は「国または国に準じる者による計画的組織的な攻撃」＝「戦闘行為」が行なわれていない「非戦闘地域」で活動すると規定している。

柳澤は米軍の交戦相手は「国または国準」に当たらないから自衛隊は米兵を空輸しても「武力行使の一体化」には当たらないという。さらに米兵を前線から離れた空港で降ろしているので、やはり「武力行使の一体化」には該当しないと話している。

この2点が名古屋高裁の違憲判決の認定と１８０度、違う。判決はこう言う。

「現在のイラクにおいては、多国籍軍と、その実質に即して国に準ずる組織と認められる武装勢力との間で一国国内の治安問題にとどまらない武力を用いた争いが行われており、国際的な武力紛争が行われているものということができる。とりわけ、首都バグダッドは……国際的な武力紛争の一環として行われる人を殺傷し又は物を破壊する行為が現に行われている地域というべきであって、イラク特措法にいう『戦闘地域』に該当するものと認められる」

「現代戦において輸送等の補給活動もまた戦闘行為の重要な要素であるといえることを考慮すれば、多国籍軍の戦闘行為にとって必要不可欠な軍事上の後方支援を行っているものということができる。したがって、このような航空自衛隊の空輸活動のうち、少なくとも多国籍軍の武装兵員をバグダッドへ空輸するものについては、前記平成9（1997）年2月13日の大森内閣法制局長官の答弁に照らし、他国による武力行使と一体化した行動であって、自らも武力の行使を行ったと評価を受けざるを得ない行動であるということができる」

判決に出てくる「平成9月2月13日の大森内閣法制局長官の答弁」とは、衆議院予算委員会における大森政輔内閣法制局長官の「他国による武力の行使への参加に至らない協力（輸送、補給、医療等）については、当該他国による武力の行使と一体となるようなものは自らも武力の行使を行ったとの評価を受けるもので憲法上許されないが、一体とならないものは許される」との答弁を指す。

判決は、米軍と戦闘を続ける武装集団を「国に準じる組織」、またバグダッドを「戦闘地域」と認定し、その戦闘地域へ武装した米兵を空輸するのは武力行使と一体化していて、自らも武力行使したのと同じことだと指摘している。政府の見方を示した柳澤の説明とまったく違う。

なぜ、これほどの違いが出てきたのか。裁判長として名古屋高裁の違憲判決を出し、退官後、弁護士に転じた青山邦夫は「判決は訴訟の結論として出すものですから、原告がどのように訴訟を組み立てたかによるわけです。裁判所が勝手に土俵をつくるわけにはいきません」という。では、原告はどのように訴訟を組み立てたのか。

違憲の決め手になった大量の新聞記事

愛知県内の弁護士や市民らの呼び掛けで全国から集まった原告団は２００４年2月23日、名古屋地裁に提訴した。国を相手に、自衛隊の派遣差し止めのほか、派遣が違憲であることの確認、それに原告1人1万円の慰謝料を求めた。同趣旨の訴訟は全国11地裁で12件提起された。

２００６年4月14日、名古屋地裁は「訴えは不適法」として派遣差し止めの訴えを却下し、慰謝料請求については「派遣によって具体的権利や法的保護に値する利益を侵害されたとは認められない」として棄却した。憲法判断は示さなかった。

同月29日、名古屋高裁に控訴した原告弁護団は輸送活動の違憲性を立証しようと、大量の新聞記事を証拠として提出した。政府は空輸活動の実態を公表しておらず、原告らが日々の空輸活動を記録した日報の情報公開請求をしたが、開示された日報の肝心な空輸活動の部分は黒塗りされ、いつ、どこへ、何を空輸したのか知ることはできなかった。原告側は現地の状況を伝える新聞記

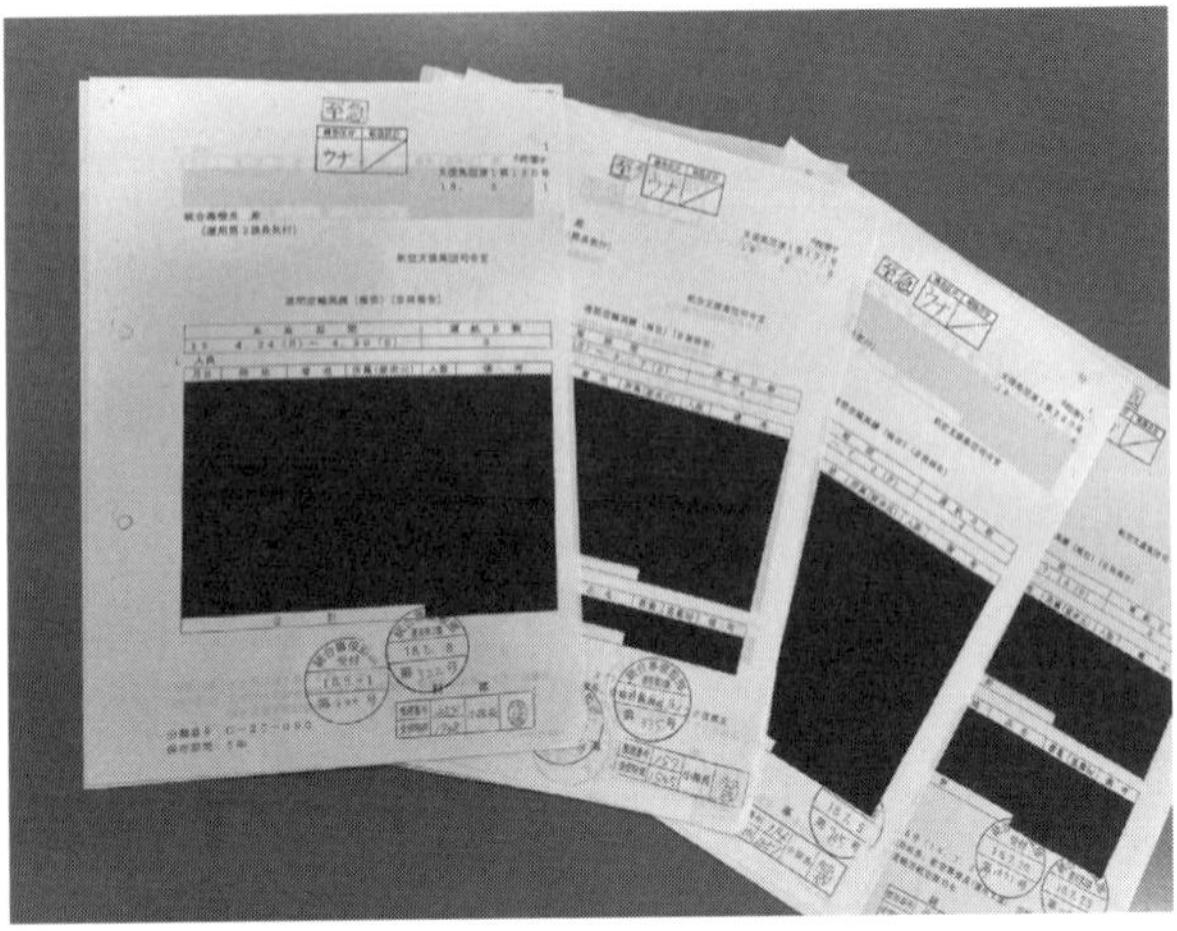

イラク空輸訴訟の弁護団が防衛省に情報開示請求した空輸実績。
日にち、輸送人員数、物品名などすべて黒塗り

事に頼るほかなかった。

原告弁護団事務局長の弁護士、川口創は「週末になると地元の図書館に行っていろんな新聞をメモしてくる。原告のみなさんが、新聞ごとに分担をして、切り抜きをしてくれたのもたいへん助かりました。書面にしていくにあたっては、ただ何人、死にました、というだけではなく、その背景を示すことが重要です。イラクの状況やアメリカの掃討作戦はこうなっている、という全体の構造をちゃんと理解して書かないといけない」という。

弁護団はイラク隣国のヨルダンまで足を運び、サマワから逃げてきた人を含むイラク難民からのヒアリング結果を名古屋高裁に提出した。「それは週刊誌には載りましたが、裁判所の事実認定にはまったく入っていない。弁護団の報告はゼロです。ただ、われわれは一生懸命

やっているという気持ちを伝えることになったかとは思う」と川口。

40年間も新聞業界で記者をしていた筆者が言うのも変だが、それほど新聞記事を信頼できるものだろうか。

川口は「裁判所は、新聞報道への信用が極めて強いと思います。きちんと情報を精査して世に出していると認識しています」といい、「違憲と判断されたのは陸上自衛隊が撤退した後の航空自衛隊の輸送活動なのです。現地に行っても航空自衛隊の活動はまったくわからない。空輸の実態が見えない中で、きちんと分析をして、積み上げて重要な記事を中日新聞が出してくれた。空自が多国籍軍の兵士1万人以上を空輸している、というスクープ記事です。この記事は非常に大きな価値がありました。この情報はわれわれでは入手できない。記者たちが相当足を運んで情報を収集して、きちんと詰めて書いている」と、こそばゆくなるほど、東京新聞（中日新聞社発行のブロック紙）記者だった筆者の書いた記事を含む新聞記事を高く評価した。

総務省が２０２４年６月に公表した「令和5年度情報通信メディアの利用時間と情報行動に関する調査報告書」によると、13歳から69歳までの男女１５００人への訪問調査で、各メディアの信頼度を尋ねたところ、新聞が61・1％で最も高く、テレビの60・7％をわずかに上回った。情報収集手段の主流となっているインターネットは28・9％にとどまった。

また、公益財団法人「新聞通信調査会」が２０２３年10月に行なった世論調査によると、「メディアの情報をどの程度信頼しているか」を18歳以上の５０００人に１００点満点で評価してもらったところ、NHKが67・0点でトップ。新聞は僅差の66・5点で2位。インターネットは49・5点だった。2つの世論調査を見ると、新聞への信頼度が相当に高いことがわかる。

話を元に戻そう。

原告は、イラクにおける自衛隊の活動は違憲だから撤退させろ、また違憲の活動によって平和的生存権を侵害されたから賠償しろ、と主張した。その証拠として新聞記事を山ほど提出した。これらに対し、被告の国側は反論しなかったのだろうか。

川口は「何もないです。とにかく、この裁判は『訴えの利益がない』のだから、早く結審しろ、としか言わない。『平和的生存権は具体的権利じゃない、訴えの利益はないのだから実態審議をする必要はない。実態審議する必要性のない裁判に何年も使うべきではない。だから結審してください』と毎回、言ってきました。言っていたのはそれだけです。それに対して、こちらも国の姿勢に対する批判を毎回、しています」と法廷の様子を説明する。

「弁護団としては『こちらは事実関係についてきちっと証拠にもとづいて主張している。平和的生存権が具体的な権利ではないかどうかは最終的に裁判官が判断することであって、法廷が開かれている以上、事実関係について認否をする義務があるでしょう、きちんと認否しなさい』と言ってきました。『私たちは事実関係を示した上でそれが憲法違反だと指摘しているのだから、それに対して国が問題ない、だから自衛隊を派遣しているというなら、この法廷の場で堂々と主張しなさい』と詰めましたが、何の反論もない。裁判官は私がひとしきり国側に抗議した後に『川口先生、それくらいでいいじゃないですか』、みたいな、ははは っ(苦笑)」

反証しない国側の思い込み

民事裁判は訴訟を起こした原告とその相手方である被告の双方の主張を裁判官が聴き、提出された証拠を調べて法律を適用し、原告の請求を認めてよいかを判断する。しかし、イラク空輸訴訟で被告の国側は原告側が提出した新聞記事を含むすべての証拠について、認否も反論もしていない。不利になることが確実な沈黙を続けた理由は何か。

川口は「裁判所が門前払いをしてくれると思っている。味方だと思っていますから。とりあえず仕事として法廷に来ているので付き合うけど、どうせ国は負けないんで、『訴えの利益なし』でどうせ勝てちゃうから、っていう。実際、同様の裁判ではそれで負け続けてきたわけですから。裁判官が国の対応を許してきたことが大きい。結局、その通りの判決書いているわけですから、どこでもずーっと」とあきれる。

全国の22地裁で25件行なわれた安保法制違憲訴訟でも、被告の国側は沈黙したままだった。この違憲訴訟の原告側は、第2次安倍政権が制定した憲法違反の安保法制によって平和的生存権や人格権を侵害されたと主張し、国に慰謝料の支払いなどを求めているが、いずれも棄却されている。筆者は前橋、釧路、岡山、宮崎、鹿児島などの地裁や東京高裁、札幌高裁などで原告側証人として意見を述べたが、国側から反対尋問を受けたことは一度もなかった。

裁判長の「被告側、何かありますか」との問いかけに対し、国側の訟務検事らが椅子から腰を浮かせつつ「ございません」と小声で答え、立ち上がり切らないうちにまた着席する姿は毎度のことだ。被告席にいるのは法務省の訟務検事や防衛省の法務担当だが、安保法制を合憲とするなら法律家や法務の専門官として堂々と自説なり、政府見解なりを展開すればいい。そうしないのは川口の言う通り、「どうせ国は負けないんで、『訴えの利益なし』でどうせ勝てちゃうから」という思いがあるのだろう。

だが、裁判所が毎回、国の思惑通りの判決を出すとは限らない。イラク空輸活動を違憲と断じた名古屋高裁の裁判長だった青山は振り返る。

「ずっと証拠を整理していて、『あるのは新聞だけだな』って。証拠の9割くらいは新聞記事でした。しかし、それを否定する証拠もない。被告の国が全然、反論しない、情報を出さない」

「出せないから出さないんだな」と確信したのかとの筆者の質問に、「そうですね。確かにあのころ、裁判以前に、市民の情報公開請求に対して国が開示した航空自衛隊の空輸活動の中身は黒塗りだったり、具体的なことは国会でも述べなかったりしています。やっぱりそうなると、反論しないのは言えないんだろうと。そう言われても仕方ないですよね」。

判決は、原告が求めた通り、空輸活動を違憲とし、平和的生存権を具体的権利と認めた。その一方で、派遣の差し止めと平和的生存権を侵害されたことによる賠償金の支払い請求は棄却した。

形式上は「敗訴」となった原告だが、最高裁に上告しなかった。違憲判決を確定させる狙いからだった。「勝訴」した被告の国側は裁判の仕組みとして上告はできないので、判決はそのまま確定した。

この判決について、柳澤は、雨の中で園遊会が開かれていた東京の赤坂御苑で知らされた。「すでに官房長官（町村信孝）の会見で『（違憲部分は拘束力を持たない）傍論です』と答えていた。かつ飛行の差し止めは判決されていない。訴えの利益がないからと国が勝訴した判決なのですよ。正直言うと、私、本当に不愉快でしたね、『そこまで言うんだったら、差し止めしろよ』と。『原告に損害賠償を払えと言うべきなんじゃないの』と。憲法違反だけど、飛行を止めるわけにはいかないって判決、卑怯じゃないかという感想は持っていました」

「もう一つ、これも先ほど話した通り、相手の拠点までの輸送はしていない。戦闘行為に関わっているとは言えないだろうという私なりの認識もあったので、違憲判決が出たから大変だという感じはなかった。それを一言で田母神（俊雄航空幕僚長）流に言えば『そんなの関係ねえ』ということ。空輸をやめろと言われない限り、正々堂々と続けるという認識だったということです」

判決を受けて、田母神空幕長が会見で感想を求められ、実際に「そんなの関係ねえ」と発言していた。航空自衛隊小牧基地の広報担当は「命令に従う末端組織のため、コメントはできかねる」と繰り返したが、「こんな司法判断を許した背景には、日本政府の国民への説明不足があったのは否めない。国民の理解があってこその自衛隊であり、自衛隊の活動であることを、政治家はわかっているのか」と話す幹部もいた。

違憲判決から8カ月後にイラクから撤退

判決の翌日、町村官房長官は石破茂防衛相、高村正彦外相と協議し、「航空自衛隊の活動継続に何ら問題はない」との認識で一致した。しかし、翌5月になって、この違憲判決があったこと、またブッシュ米大統領が翌年（２００９年）1月に退任することから、与党は撤収の検討を始めた。政府は9月11日、年内の撤収を決め、クウェートに派遣された航空自衛隊は12月に撤収した。２００３年12月から始まった自衛隊のイラク特措法にもとづく海外派遣は5年間で終了した。

青山は、あらためて判決を振り返る。

「『反響があるかな』と思い判決を出しましたが、なかなかそれが世の中を動かすほどではなかった。傍論かどうかはアメリカでは非常に重要なんですね。アメリカは判例法主義と言って、同種の事件に対する判例がある時はその判例に拘束されるわけですから。どの部分が法律的な効力を持つかというのは重要なのです。ただ日本で傍論といった時には、結論を出すための道筋とは違いますね、となる。しかし、審理はどこから判断していってもいいわけだから、そういう意味では必ずしも傍論ではない」

傍論との政府見解は、福田康夫首相が「傍論。脇の論ね」と「脇」という言葉を使ってその意味を強調してみせたが、与党が撤収の検討を始める呼び水になったのは間違いない。「脇の論」

なら捨ておけばいいはずで、判決の重みは無視できなかった。

もともと空輸活動には無理があった

米兵空輸を開始した航空自衛隊トップの航空幕僚長で、活動終了前に退官した吉田正・元空将は空輸開始から1年後、筆者の取材に答えた。名古屋高裁判決の8カ月ほど前である。

「米軍全体の空輸量から見れば、航空自衛隊の仕事は歯牙にもかからない。イラクに日の丸が立つことに米国は価値を見いだしている。国内事情で引いてはまずいのだろうと考えていた」と陸上自衛隊の撤収後、航空自衛隊が残った背景を語った。

そして「クウェートの米軍や近隣国にある米軍調整所は『無理しなくていい』と言ってくれるのに、米国防総省など中央は『もっとイラクの奥に行ってくれ』と求めてきた。現地を無視していて、教条的な感じがした。米軍はバグダッド便を数多く飛ばしている。民航機が自由に飛べるまで、軍の輸送機はいくらあっても足りない」とバグダッド便を始めた理由を説明した。

しかし、日本政府は国連空輸が優先、米兵を含む多国籍軍は余席を利用している、と建前を述べ続けた。吉田元空幕長は「私は国連を運ぶことには反対だった。米軍も国連空輸を無視している。アルビルには民航機が飛んでおり、軍用機で運ぶ必要がないからだ。国連空輸を目玉にすると、米軍が撤収しても航空自衛隊が撤収できなくなるおそれがある。政治の決定だから、仕方ないが……」と国連空輸は政治決定に従ったまでだ、と明かした。

政府が示した非戦闘地域の活動について、「地図で示せるならともかく、どこが戦闘地域か否かの判断は飛行機乗りの世界に馴染まない。下から弾を撃たれるかどうか、脅威の度合いを判断して、飛ぶかやめるか決めるだけだ」と政府説明の欺瞞性にも言及した。

今回、内閣副官房長官補だった柳澤へのインタビューに際し、吉田元空幕長の「区域指定は馴染まない」との指摘を伝えると、柳澤は「だから、非戦闘地域を飛べなんて部隊に要求したら、それはおかしいのです。非戦闘地域って政治的な判断なんですよ」と同意した。

「自衛隊がいるところが非戦闘地域」

当時、小泉首相は「自衛隊がいるところが非戦闘地域だ」と国会で答弁した。そういう考えに近かったのかとの質問に、柳澤は「結局、他に言いようがない。イラクの現実からするとね」。

イラクからの撤収は違憲判決を奇貨として進められたといえる。陸上自衛隊の隊員でも、航空自衛隊の輸送機の場合であっても、死者が出たら内閣が吹っ飛んだのではないだろうか。

「吹っ飛んでいたと思いますよ。だからその時のことを考えて私も頭の体操をしなければいけなかった。当時、防衛省の西川徹矢官房長が官邸にやって来て『もしも派遣した隊員が一人でも亡くなったら官邸から誰か出して、クウェートまででいいから柩を出迎えてください』と話を持ってきたことがあった。そんなことは、その時になればなんとでもすることであって、それよりも死者が出る事態になっても防衛省はまだ活動を続けるのか、そこを考えておかなければならないという問題意識を持っていた。明確にお答えいただいたのが細田（博之官房長官）さん。『君、一人けが人が出たら内閣飛ぶぞ』と言う。ほかの人には聞かなかったけれど、実際に起きれば、内閣が飛んだかどうかは別として、やっぱり撤収せざるを得なかったのではないかとは思います」（柳澤）

2005年1月30日、バグダッド空港を離陸した英空軍C130輸送機が地上からのミサイル攻撃によって撃墜され、乗員ら10人全員が死亡した。航空自衛隊機と同型の輸送機である。だが英国は撤収せず、最終的に英軍の兵士ら179人が犠牲になった。英国の独立委員会は2016年、7年間の調査を終えて260万語に上る報告書を発表。当時のブレア首相が誤った情報をもとに英国を戦争に巻き込んだと厳しく批判した。

一方、日本では民主党政権になって検証を命じられた外務省が2012年12月、報告書の概要を公表した。A4判でたった4枚の概要は、大量破壊兵器が「存在しないことを証明する情報はなかった」と米国の開戦を正当化し、日本の対応を「正しかった」と主張する内容が続く。最後に「国民の理解を得るための広報の重要性は早くから認識されて」いたとあり、日報の黒塗りは「ないこと」にされた。報告書全文は今も公表されていない。

撤収は簡単ではなかった。戦争は始めるより終わらせるほうが何倍も難しいとされる。まして大義なきイラク戦争だ。米国の同調圧力から抜け出すのは困難を極めた。イラク派遣当時、防衛省の運用企画局長だった山崎信之郎は退官後、筆者の取材に「イラクからの撤収は一国だけではできず、英国防省の運用担当局長と話し合って、日英で同時に撤収することを決め、米国に伝えた」と話した。

実は航空自衛隊はバグダッド便を定期便として運航する前から米兵を空輸していた。空輸を開始した2003年度は34人、2004年度は1822人、2005年度は3006人を運んでいる。防衛省が2009年7月、国会に提出したイラク活動の報告書にはバクダッド便を始める前までは「基本的にクウェート〜アリ（旧タリル）間の運航」とあるが、この「基本的」が曲者なのだ。

無理やり空自輸送機に職員を乗せた外務省

航空自衛隊の戦闘機パイロットをしていた永冨信吉元空将補は退官後の2004年5月から翌2005年11月まで在イラク日本大使館の警備担当官としてバグダッドで勤務した。月1回の休暇は当初、ヨルダンとバグダッド空港を結ぶ民間旅客機を利用していたが、途中から航空自衛隊のC130輸送機に替わった。

2024年夏、取材に応じた永冨は「当時の日本大使館は住宅街にあった。空港と大使館の間は車で移動していたが、大使館内で『危険だ』との声が上がり、米軍のヘリコプターで送迎してもらうことになった。米軍基地はバグダッド空港内にあるが、かなり離れている。この基地のヘリコプターに乗るには近くの駐機場まで来る航空自衛隊のC130を利用するしかない。2005年からはクウェートからバグダッドへ飛ぶC130に乗ることになった」と振り返る。

民間旅客機が攻撃されることはなかったが、軍用機は別だ。永冨を乗せた航空自衛隊のC130は、武装勢力のミサイルから逃れるため高高度で飛行し、バクダッド空港上空からせん状に降下して着陸、離陸時は急上昇した。

「かえって危険だと思った」と永冨。ふだん、機内はガラガラだったが、一度だけ迷彩服姿の米兵で満杯だったことがあるという。「武器・弾薬は空輸しない」との政府説明通り、銃は持っていなかった。武装した米兵を空輸するのはバグダッド便が定期便化する2006年7月からだ。しかし、米兵空輸を本格化させる前からバグダッド便そのものはあり、米兵を空輸していたのは間違いない。

第3章

違憲判決をないことにする政府

1万円欲しさに裁判をやる原告はいない

裁判所の判断は判決で示すしかない。イラク空輸について、名古屋高裁はイラクの現状と航空自衛隊の活動について、詳細な事実認定にもとづく分析をした。司法が事実をどのように認定し、どのような評価をしたかを示す判決文に、不要な文章は一行もない。

2024年4月から放送され、話題を呼んだNHKの朝ドラマ『虎に翼』で描かれた原爆裁判は、実際の裁判の判決要旨で「広島・長崎の両市に対する原子爆弾による爆撃は、無防守都市に対する無差別爆撃として、当時の国際法からみて、違法な戦闘行為であると解するのが相当である」と原爆の違法性を明快に認定。被害者救済の必要性に言及し、「しかしながらそれは、もはや裁判所の職責ではなく、立法府である国会、および行政府である内閣において、果たさなければならない職責である。それでこそ、訴訟当事者だけでなく、原爆被害者全般に対する救済策を講ずることができるのであって、そこに立法、および立法に基づく行政の存在理由がある」とし、幅広い救済策の実施を国会や内閣に求めた。「われわれは本訴訟をみるにつけ、政治の貧困を嘆かずにはおられないのである」と最後に強く念押しした。

当時の国会や内閣は司法を通じた被害者や司法の訴えに耳を傾け、原爆裁判が継続中の1957年、『原子爆弾被爆者の医療等に関する法律』(原爆医療法)が施行された。判決から3

年後の1968年には被爆者特別措置法が制定され、被爆者への健康管理手当の支給が開始された。1995年には原爆の惨禍が繰り返されることがないよう恒久平和を念願し、被爆者に対する援護を国の責任において行なうことが前文にうたわれた被爆者援護法が施行された。

判決は英訳されて海外でも知られるようになり、1996年、国際司法裁判所は初めて核兵器の使用と国際法についての勧告的意見をまとめ、「核兵器の使用や威嚇は、一般的には国際法の上では人道主義の原則に反する」と記した。2021年には「核兵器のいかなる使用も武力紛争に適用される国際法に違反する」として核兵器の例外的な使用を認めない核兵器禁止条約が発効した。

唯一の戦争被爆国から発せられた「核兵器の使用は国際法違反」との訴えは、半世紀を経て世界に広がった。ところが、言い出しっぺであるはずの日本は、核廃絶を目指す核兵器禁止条約に加盟していないどころか、締約国会議へのオブザーバー参加すら、2025年段階ではしていない。「核廃絶がライフワーク」を自認する岸田文雄首相のもと、米国に核の脅しと核使用を促す「拡大抑止」はむしろ強化された。被爆した地点に境界線を引き、「被爆者」と「被爆体験者」に区分され、被害者救済が足踏みを続けるのを見ても「政治の貧困」は現在に近づくほど目立つ。「政治の劣化」を嘆かずにはおられない。

名古屋高裁で原告が求めた損害賠償金は原告1人につき、1万円だった。

青山は「1万円欲しくて裁判やってるとは誰も思っていない」と振り返る。「1万円の訴訟で憲法判断を求める大きな原因は、日本に憲法裁判所がないことですよね。事件を離れて憲法判断することはできない。そこの理解の差なんですね。だから当事者は損害賠償請求という形を取っている。それをうさん臭いと言ってはいけない」と、原告や原告弁護団の思いをくみ取り、真摯に憲法判断に踏み込んだ理由を話した。

原告弁護団事務局長だった川口は言う。

「お金欲しさじゃない。日本に憲法訴訟の枠はないので、民事訴訟か刑事訴訟で争うしかない。結局、民事の土俵に載せるしかないんですよ、憲法違反も。1万円の賠償を求めるのは、相撲の土俵にレスラーの格好をして出てくるようなものだとわかっている。でも、勝ち取りたいのは憲法違反の判決なんです。民事の土俵を使わないと始まらないので、仕方なく1人1万円の請求をしたのです。最初から、判決文の中に憲法違反と書いてもらうことが狙いです。請求棄却は当たり前なのです」

「勝ちかどうかの主軸は、違憲判断が判決文の中に出ること。もっと言えば、仮にそれが出なくても、自衛隊がイラクから撤退するのが本当の勝ち。そこにつながる判決が出ること。この裁判の力でイラクから自衛隊を撤退させる。最終的には違憲判決を取ることでもなければ、憲法9条を守ることでもなくて、自衛隊をイラクから撤退させることだとはっきりしているわけです」

日本の法的な枠組みの中で、最善の法廷戦術を追求した原告側の狙いを裁判所がくみ取り、原告側にとって考えうる最善の結論が示された。そして最後は撤収の道を開いた。

イラクへの自衛隊派遣差し止めをめぐる訴訟は前述の通り、全国11地裁で12件起こされた。最初に結審した大阪地裁の判決は「自衛隊派遣は原告の具体的な権利や法律上の利益に何ら影響を及ぼすものではなく、訴えは不適法」「原告らが主張する平和的生存権も抽象的概念にとどまる」として訴えを棄却した。この判断はすべての地裁で踏襲され、いずれも派遣差し止めを否定していた。

2番目の甲府地裁は同じ判決を同様の判決理由とともに言い渡し、さらに提訴そのものを「原告らに生じた精神的な苦痛は……間接民主制の下において不可避的に発生するものとして受忍されるべき」と踏み込んだ。不満があるなら選挙で勝って意に沿う政権を打ち立てればよい、という突き放した内容だった。

憲法判断に踏み込んだ名古屋高裁

名古屋地裁第7次訴訟判決と岡山地裁判決では、平和的生存権が権利として認められたものの、自衛隊活動の違憲性には触れていない。結論が棄却ならば、いずれも棄却した12件の地裁判決と同様、憲法判断に触れる必要はなかったにもかかわらず、名古屋高裁はあえて踏み込んだ。その理由について、青山はこう言う。

「裁判の実務としては、まずその行為が違法であるかどうか、そしてその違法行為によって損害が生まれたかどうかという順番で理解して判断しています。そこで仮に国家の行為は違法だとしても、あなたの権利は侵害されていませんよと結論づけているのが安保法制をめぐる多くの裁判所の判断です。そうした論点で結論が出るのに、名古屋高裁は書かなくても済むものをあえて書いた。これは憲法訴訟なんです。原告が求めているのは憲法判断であって、実際には損害賠償の勝ち負けではないはずです。アメリカの裁判でも、別の論点で結論が出るんだったら、憲法判断をすべきではないというルールがあることはあるんです。ただ、これは歴史的背景があるからなので、絶対的なルールではないのです。先ほどから言っているように『踏み込みたい時には、踏み込んでもいい』というのが多くの憲法学者の見解です」

青山に対し、筆者は「判決は原告の思い通りにはならないとしても途中の経過をちゃんと認定してあげることが大事だと、そういうことも含めて原告は裁判に訴えているわけです。そこをちゃんとくみ取るか、形式的にどうせ負けは負けなんだから憲法判断まで踏み込む必要はない、ということで終わるか、そういう違いですよね」と聞いた。

すると、青山は「そうですね。行政法の学者が言っているのは、棄却になるかもしれない案件でも行政法の適法性を判断すべきだということです。それにより政府の行政行為は法律にもとづいてなされるべきだとあらためて知らされることになる。行政法のレベルでもそうなのです。憲法なら、なおさら同じことが言えるかもしれない。ところが、裁判所の傾向として『政治的なことについては触れないでおこう』となっていて、政府の行政行為に何も反映できないという大きなギャップがあります」と答えた。

名古屋高裁が違憲判決に踏み込むまでには、いくつかの伏線がある。一つは名古屋地裁で第7次に及んだイラク空輸訴訟の原告が最終的に3268人にもなり、そのままそっくり名古屋高裁の原告となったことだ。

川口は「市民がデモを続ける中、2003年12月ごろには航空自衛隊が派遣されるという状況となり、市民の中にも落胆の声が広がっていきました。運動を継続するために裁判を一つの軸とする方法があり得るのではないか。裁判と運動を両輪としてやっていくことができるのではないか、と考えました。裁判で勝てるとは思っていませんでした。法廷を一つの軸にしていくけれど、重要なのは、やっぱり世論です。既成事実化が進むことによって、反対の声が鎮静化していくのはよくある。裁判をやるだけでは力にはならない。市民運動ときちんとリンクしていく必要がある。市民運動が停滞していくのを、むしろ裁判で支えていくということになると思い、多くの弁護士に声をかけてきました」という。

「私は強いられたくない。加害者としての立場を」

弁護団は2004年1月にはウェブサイトをつくり、「ですます調」で書いた訴状のひな型を掲載して訴訟への参加を呼び掛けた。その結果、国外を含めて各地から希望者が殺到し、最終的に3000人を超えた。

「（名古屋）地裁の2年のうち、前半の1年は1回の法廷につき、午後1時半から4時までやっていました。原告の人たちが200人以上来ていた。傍聴人ではなく、原告なので法廷に全員入れてほしいと主張しました。裁判官と協議した結果、前半、後半で入れ替えをすることになり、時間もたっぷり取ることにして、意見陳述も毎回4人やっていました。法廷も学習の場であると考えていたので、法廷では弁護団からもイラクの状況とか、国際法違反とか、憲法違反とか、いろんな面から裁判書に出した書面の要約を話した。法廷に参加された原告のみなさんには、法廷で共有したことを各地に持ち帰ってもらい、各地、各地で伝え広げてもらう必要がある。法廷で裁判官に訴えながら、市民にも訴える。わかりやすくちゃんと伝えることを意識しました」と川口。

弁護団による裁判後の報告会が毎回、行なわれ、原告だけでなく一般市民も参加、裁判と市民運動が一体となる中、裁判は地裁から高裁へと進んだ。

川口は「提訴をした時のキャッチコピーは『私は強いられたくない。加害者としての立場を』です。これがイラク訴訟のわれわれ弁護団、原告団の最後まで共通した柱でした。私たちはイラクの市民に対して、支援をしたいとは思っても、加害者になったり、殺したりしたいとはまったく思っていない。アメリカ兵は『テロとの戦い』として市民も無差別に殺していた。軍隊と軍隊との戦いではなくて、多くの市民を犠牲にする戦争ですね。本当にそれは法的に戦争と言えるのか、ただの虐殺ではないのかと今でも思います」と語る。

違憲判決に至ったもう一つの理由は裁判官の姿勢だろう。原告の思いをくみ取ることに思いを致し、平和的生存権が侵害されるという深刻な問いかけであれば、なおさら憲法判断に踏み込むべきだという青山の考えは前述した通りだ。

青山はイラク空輸訴訟の1年前、名古屋高裁であった勤労挺身隊訴訟の裁判長を務めていた。韓国人女性ら7人が太平洋戦争中、三菱重工業で強制労働させられたとして国と三菱重工に損害賠償を求めた訴訟である。判決は、請求権を放棄した日韓請求権協定を根拠に原告敗訴としたが、「国家賠償法施行前だった」とする被告の国側の国家無答責の主張を認めず、「脅迫による強制連行や、賃金の未払い、外出の制限を伴う強制労働が三菱重工業と国の監督で行われた」として国と三菱重工の不法行為責任を認定した。

判決後、青山は弁護団長の内河惠一弁護士と会った。この時の感想について、「内河さんと話をして、裁判というのは勝ち負けが大切なんだけど、負けとしてもそれなりに裁判所が認定し、判断して、真実が少しでも明らかになれば、非常に慰めになるという面があるのだなと強く感じました。これはイラク空輸訴訟にも通じます」と述べた。

憲法判断を避ける裁判官

裁判官が一歩、踏み込めば、原告が裁判に訴えた思いに応えることになる。そのことは多くの裁判官が理解しているはずだ。しかし、2016年4月から始まり、全国22地裁で25件提訴された安保法制違憲訴訟で憲法判断に踏み込んだのは、仙台高裁が「憲法9条に明白に違反するとまではいえない」（2022年12月5日判決）とした一件だけだ。違憲性が問われた別の裁判でも憲法に触れた判決は皆無に近い。裁判官は憲法判断を不要と考えているか、及び腰になっているかのどちらかであるように見える。

憲法判断を避ける傾向は、最高裁が1970年代、青年法律家協会（青法協）に所属する裁判官らの不採用・再任拒否を進めた「ブルー・パージ」以降、顕著になったといわれている。青法協は1954年、憲法を擁護し、平和と民主主義および基本的人権を守ることを目的に、若手の法律研究者や弁護士、裁判官などによって設立された。1969年、戦前からの思想統制の体質を持つとされる石田和外が最高裁長官に就任すると、その直後から青法協会員の排除が始まった。

そうした最中の1973年、「自衛隊の存在」の違憲性が問われた札幌地裁の長沼ナイキ訴訟で、福島重雄裁判長は「自衛隊は憲法9条2項で保有を禁じた戦力に該当するから違憲」とし、原告勝訴の判決を言い渡した。平和的生存権については「国民一人ひとりが平和のうちに生存し、かつその幸福を追求することができる権利」と明確に判示した。

青山は「（福島判決は）昭和48年ですから、ちょうど私が任官した年です。原告は自衛隊そのものが違憲だと主張して、国も反論した。福島裁判長は（旧日本海軍出身で当時、航空幕僚長だった）

源田実さんなど証人として出廷した自衛隊トップら（24人）を尋問して、戦力とは何かと徹底的にやったんです。真っ向勝負の裁判でした。その前に（自衛隊法が憲法9条に照らして合憲か違憲かが問われた北海道の）恵庭事件がありましたが、憲法判断は示されなかった。自衛隊が合憲か違憲かを争っていて、政府としては合憲に定着させたい、そんな時代だったと思います。だから長沼ナイキ訴訟で真っ向から勝負した。あの時は（最高裁が司法修習生を罷免するなどした）『司法の危機』と言われた時代で、政府与党や右のジャーナリズムが裁判所を攻撃していた最中。その中で裁判が進んだ。被告の国が福島裁判長の忌避申し立てまでした（却下された）」と話した。

それまで朴訥な語り口だった青山は、あふれる言葉を抑えきれないように続けた。

「それなりに国もちゃんと応答していた時代でした。それだけではなく、外部からの圧力もすさまじかった。その中に置かれた福島裁判長も覚悟はあったでしょうね。あれだけの裁判だと本当にいろんなことが起こる。（当時の札幌地裁所長だった平賀健太が原告の申し立てを却下するよう福島に求めた）『平賀書簡』が明るみに出た。すると、その書簡を公表したことはよくないといって国会の裁判官訴追委員会が開かれ、平賀所長は不起訴、福島裁判長は起訴猶予となった」

裁判は思いがけない方向へ進んでいく。札幌高裁で行なわれた控訴審は証拠調べの途中でいきなり結審となり、1976年8月5日、一審判決を覆し、原告の請求を棄却する判決が言い渡された。自衛隊の違憲性について判決は、（東京都砂川町＝現立川市にあった米軍立川基地に立ち入ったとして学生らが逮捕、起訴された）砂川事件の最高裁判決と同様に「本来は裁判の対象となり得るが、高度に政治性のある国家行為は、極めて明白に違憲無効であると認められない限り、司法審査の範囲外にある」とする統治行為論を根拠に門前払いして、判断を示さなかった。

統治行為論とは、米軍が日本にいることや自衛隊が存在することの是非は、高度な政治性を帯びているから司法審査に馴染まないとする考え方だ。砂川事件の最高裁判決をきっかけに、自衛隊や米軍に関連した訴訟は統治行為論を理由に憲法判断を避けるようになった。これは裁判所の「逃げ」のように見える。青山はこう言う。

「これは僕自身もおかしいと思っています。しかし、最近の裁判所は統治行為論も言わない。言うまでもないという感じです。この砂川事件もそうですが、政治的なところについて裁判所の判断を全面的に排除するわけではなく、『一見してきわめて明白に違憲無効と認められない限り、その内容について違憲かどうかの法的判断を下すことはできない』（砂川裁判最高裁判決）とあり、事件によっては限定的な解釈があり得るはずなんです。でも、今や統治行為論さえ言わずに、結論だけ出して逃げている。安保法制違憲訴訟はその典型例。実質は統治行為論を展開するところだろうけど、その判断さえしないでおこうということです」

最高裁による「見せしめ」

自衛隊や米軍の違憲性が問われた訴訟で、憲法判断に触れないのはもちろん、その理由として統治行為論さえ持ち出さないのが最近の傾向というのだ。裁判官には、国の意に沿わない判決は極力出さないでおこうという暗黙の了解があるのだろうか。

青山は「先ほどの福島さんの処遇が一番大きく影響しているとは思います。本当に徹底しているなと思います。札幌地裁というのは有能な人が行くんです。しかし、長沼ナイキ訴訟で自衛隊違憲の判決を出した後、すぐ東京地裁に異動になった。それが手形部でした。手形部というのは憲法判断がないんです」「その次に福島に行った。家庭裁判所なんですよね。そして福井に行ってもまた家裁なんですよ」という。

これは異動という名の左遷ではないのか。

「そう。家庭裁判所が悪いわけではないけれども、キャリアアップにはならない。そういうことはみんな知っているから……」

青山は判決間近の2008年3月31日、依願退官した。翌4月1日から新学期が始まる名城大学の法科大学院法務研究科教授として第二の人生を始めるためだ。そのまま裁判官を続けていても6月8日には定年退官を迎える。最後に担当した裁判がイラク空輸訴訟だった。忖度する必要がなくなるので違憲判決を書いた、という批判はあたらない。前述した通り、青山はイラク空輸訴訟の1年前に名古屋高裁であった勤労挺身隊訴訟の裁判長を務め、被告となった国の主張を認めず、国と三菱重工の不法行為責任を認定している。〝御身大切〟ならばこの判決文は書かなかっただろう。

青山はこう言う。

「振り返ると70年代、裁判所は、例えば逮捕拘留の事件を厳格審査しよう（という機運があり）、東京地裁もそういう動きの中で改革が進む、そういう雰囲気があった。多くの裁判官も具体的な事実の中で考えていく、どんな小さい事件でも誠実にやっていこうという人が多かったと思います。そうするのが正義にかなうという感覚が出てくる。だから、客観的に言ったら小さな事件かもしれませんけど、当事者にとっては大切な事件ですし、その証拠を見ていくと、こっちが本当だろうな、こっちの人の言うのは本当だろうな、というのが繰り返し出てくる。その繰り返しが正義という感覚と一体化していくように思う。そういう意味では、裁判官はその職業的な特性を十分理解してほしい。裁判官は独立しておるわけですからね」

憲法第76条3項には「すべて裁判官は、その良心に従ひ独立してその職権を行ひ、この憲法及び法律にのみ拘束される」とある。その裁判官の人事を決めるのは「裁判をしないエリート裁判官の集まり」とされ、司法官僚統制の強化を図る最高裁事務総局だ。いきおい裁判官は「最高裁や事務総局の気に入らない判決を書かないようにしよう」となり、その結果、憲法第76条3項の規定は軽視されていると考えるほかない。

柳澤は2009年に内閣副官房長官補を退官。生命保険会社の顧問を経て、NPO法人「国際地政学研究所」を立ち上げ、理事長に就任した。2014年には「自衛隊を活かす会」を設立するなど、護憲の立場から平和に関する提言を続けている。日本の安全保障政策のど真ん中にいた人物は、どのような思いで情報発信しているのだろうか。

「戦争をやっちゃいけないというところが原点なんです。イラクで本当に危ないことをやらせてしまったという反省があるわけです。もし隊員が亡くなっていたら、私はいったい、何をしたのだろうとなる。それが原点になって、戦争は避けなければいけないという私の思いになっている。戦争だけはしない、戦争は何としても避ける。それがすごく大事と考えています。憲法違反はけしからん、9条守れと言うだけで現実的な政治の力になるかっていうと、そうじゃない。もっと突き詰めないといけない。私の場合は自分の経験から戦争はとにかく絶対いけないと言えるのです。私は自衛隊員の命を守るためにも、戦争をやっちゃいけないという思いなのです。その思いが安倍さんの憲法改正や『血の同盟』に負けてはいけない。そういう自分の思いをそれぞれが自分の内面に問いかけなきゃいけないと考えるので、そう発信していきたいのです」（柳澤）

「血の同盟」とは、安倍が自民党幹事長だった2004年、元外交官、岡崎久彦との対談集『この国を守る決意』（扶桑社）の中で述べた言葉だ。

「われわれには新たな責任があります。この日米安保条約を堂々たる双務性にしていくということです。……いうまでもなく軍事同盟というのは〝血の同盟〟です。日本がもし外敵から攻撃を受ければ、アメリカの若者が血を流します。しかし、今の憲法解釈のもとでは、日本の自衛隊は、少なくともアメリカが攻撃されたときに血を流すことはないわけです。……双務性を高めるということは、具体的には集団的自衛権の行使だと思います」

安倍の考えによると、①日米安保条約は片務的である、②対等な条約にするためには日本が集団的自衛権行使に踏み切らなければならない、ということになる。これは日本政府が国民に対して「日米安保条約は第5条と第6条により双務性を帯びている」と説明してきたことと違う。安倍は独自の条約解釈によって集団的自衛権行使の解禁が不可欠だと主張した。

柳澤は安倍が主張した憲法改正や日米安保条約の事実上の改変に反対し、平和を維持し、求めるための運動に残りの人生をかけるというのだ。

２００８年のイラク空輸違憲訴訟判決から17年が経過し、柳澤、川口、青山の3人は現在、それぞれの立場で戦争回避を強く訴えている。三者三様だった3人が、いま、一様に危機感をあらわにする。名古屋高裁の違憲判決は、憲法の原則から離れていく安保政策に対して軌道修正を迫った。政治の側でも、イラクでの活動を終わらせるなど、その兆しはあった。その軌道修正が続いていけば、憲法と安保のパラレルワールドは、民主主義社会としてあるべき憲法秩序のもとへ収束していったかもしれなかった。

だが、安倍晋三という政治家の登場により、その道は大きく捻じ曲げられ、再び安保政策は憲法から離れていくこととなった。戦争のかがり火は今にも焚きつけられようとしている。次章は安倍政権から現在までを3人に語ってもらう。

第4章

憲法無視に踏み込む安倍政治

「武力行使の一体化」を避ける後方支援とは

他国による武力行使と一体化した行動を取っていれば、自らも武力の行使を行なったと評価を受けざるを得ない――。これが、イラクにおける航空自衛隊の米兵空輸を違憲とした名古屋高裁判決の核心部分だ。自らは武力行使していなくても武力行使したとみなされることを「武力行使の一体化」という。

東西冷戦が終わり、米国からの「見捨てられ」の恐怖が高まった1990年代、「しがみつき」を図った日本政府は米国の求めに応じて戦争の後方支援、つまり自衛隊による米軍に対する物品、役務の提供などに踏み込むことを決めた。その内容を法律に落とし込んだのが1999年の周辺事態法だ。

戦闘を継続するには弾薬や燃料、食糧が途切れないようにする後方支援が欠かせない。戦っている軍を支える以上、後方支援はその戦闘と一体化しているとみなされ、交戦権を否認した憲法9条2項に違反するおそれがある。

そこで違憲とならないよう考え出されたのが、後方支援する相手との地理的関係、支援の具体的内容、戦闘する相手との関係の密接性、協力しようとする相手の活動の現況などを総合的に判断する（1997年2月13日衆院予算委員会、大森政輔内閣法制局長官答弁の概要）という理屈だった。

国会で「実施できない」と例示されたのは「発進準備中の航空機への燃料補給」と「弾薬の提供」で、いずれも地理的関係、具体的内容、密接性などから違憲となりかねないからだ。裏を返せば、違憲となる要件を除けば、戦闘中の相手にも後方支援できることになる。

２００1年、米同時多発テロが起きた。米国はその報復としてアフガニスタン攻撃を開始、日本は米国を支持する立場からテロ対策特別措置法（特措法）をつくり、インド洋へ海上自衛隊の艦艇を派遣し、米軍に対する燃料の洋上補給を行なった。

船は燃料がなければ動けない。洋上補給は「武力行使の一体化」が疑われるものの、政府は日本側が定めた非戦闘地域にあたる海域まで米艦艇に来てもらって燃料を補給すれば、米艦艇が戦闘海域に戻って戦いを再開するまで時間的、距離的に離れているから憲法違反にはあたらないとの理屈を考え出した。そんな言い分が国際社会に通用するかはともかく、政府は合憲と主張した。

次に、米国が始めたイラク戦争で再び、米国を支持する立場からイラク特措法を制定して、自衛隊をイラクへ派遣した。現地での活動は「人道復興支援活動」に限定され、陸上自衛隊は戦闘に参加せず、地元住民に対する施設復旧、給水、医療指導を行なった。一方、航空自衛隊は戦いが続くバグダッドへ武装した米兵を空輸した。この活動が憲法違反だと名古屋高裁に断定された。

そしてこの判決は上告されることなく確定した。その意味で、どのような自衛隊の活動が「武力行使の一体化」にあたるかが司法によって明確に示され、判例として残ったことになる。

驚くのは、その後の政府の政策に、この判決が一切反映されることなく、憲法違反が疑われる政策決定が連続していったことだ。その背景は、言うまでもなく、第2次安倍政権が２０１２年に誕生したことにある。

安倍政権は２０１４年7月1日の閣議決定で、後方支援について「現に戦闘行為が行なわれている現場」でない場所で実施すれば「武力行使の一体化」にあたらないとした。例えば、米軍が戦いを一時的に休止する、そのわずかな時間を利用して自衛隊が補給物資を届けるような活動は合憲になるというのだ。

「後方支援だから安全だろう」と考えると間違える。太平洋戦争で軍に徴用され、南方に兵士や物資を運んだ民間船舶は米海軍の潜水艦の餌食になり、次々に撃沈された。船員の死亡率は43％に達した。これは旧日本海軍の戦死率より高い。

翌２０１５年9月19日に制定された安全保障法制は、日本の平和と安全に重要な影響を与える事態を「重要影響事態」、また国際社会の平和と安全を脅かす事態を「国際平和共同対処事態」と名付け、いずれの事態でも自衛隊が後方支援できるとした。その範囲は地球規模に広がり、政府が「憲法上、できない」と説明してきた「発進準備中の航空機への燃料補給」と「弾薬の提供」は「現に戦闘行為を行っている現場」以外であれば、世界中どこでもできることになった。

さらに「憲法上、行使できない」としてきた他国を守るための集団的自衛権も「密接な関係にある他国」への攻撃が日本の存立を脅かす「存立危機事態」に該当すれば、その他国を守るために海外で武力行使できるとなり、集団的自衛権行使は条件付きで解禁された。

ただ、「密接な関係にある他国」にあたる米国が他国から本格的な武力侵攻を受けたのは日本による真珠湾攻撃（１９４１年12月）があるぐらいだ。世界一の軍事大国に戦争を仕掛けて勝てると考える愚かな指導層は日本ぐらいにしかいない。すると、安保法制を制定して米国を守ると決めたものの、その日は永遠に来ないかもしれない。しかし、「(米軍基地が集中する）グアム島への攻撃は存立危機事態か」との野党の質問に政府は「米国の抑止力、打撃力の欠如は、日本の存立危機にあたる可能性がないとはいえない」（２０１７年8月10日衆院安全保障委員会、小野寺五典防衛相）との見解を示した。

米軍の損耗が存立危機事態にあたるならば、第二次世界大戦後に米軍が参戦した朝鮮戦争、ベトナム戦争、湾岸戦争、イラク戦争といった戦争で米軍が損耗しなかったことは一度もない。安保法制により、守れるのは米国だけでなく、米軍も含まれることになり、自衛隊は海外で戦う米軍と共に「米国の戦争」に参戦できることになった。

この安保法制について、「憲法解釈の番人」といわれる内閣法制局長官の経験者や元最高裁判事、多くの憲法学者は「憲法違反」と批判し、全国22地裁で25件の安保法制違憲訴訟が提起されたのは前章で触れた通りだ。

政府は、名古屋高裁が示した「武力行使の一体化」にあたる自衛隊の活動を禁止したり、抑制したりするのではなく、むしろ際限なく拡大させ、海外における武力行使の解禁にまで踏み込んでいった。

憲法改正を目指す安倍首相の復活

なぜ、違憲判決は無視されたのだろうか。前章に登場した3人の言葉から謎解きをしたい。

4人の首相の下で内閣副官房長官補を務めた柳澤協二は、自身が官僚として最後に仕えた首相の安倍晋三について「陸上自衛隊がイラクから全面撤収した後の2006年9月、政権交代して安倍政権に代わって、その辺でイラクに対する関心はほとんどなくなっていたと思います」と振り返る。

「安倍さんは別にイラク派遣で何かしようとは思っていなかった。その代わり有識者懇を立ち上げた。第1次政権では失敗するんですけど、誰にも相手にされずにね」

有識者懇とは、「安全保障の法的解釈の再構築に関する懇談会（安保法制懇）」のことで、有識者13人からなる憲法と集団的自衛権行使の関係を整理するための懇談会だ。安倍が退陣した後の2008年6月、座長の柳井俊二元駐米大使は「憲法9条は集団的自衛権行使を禁止していない」との報告書を提出したが、受け取った福田康夫首相によって棚上げされた。第2次安倍政権で同じ13人に1人追加したメンバーが再招集され、前回と同様の報告書を提出。2014年7月に安倍内閣が「集団的自衛権は条件付きで行使できる」と閣議決定する根拠となった。

イラク派遣を決断したのは小泉純一郎首相だ。柳澤は、安倍は後継の首相になったので単純に引き継いだにすぎないという。

「小泉さんと安倍さんとの違いは、小泉さんには軍事や憲法に関心がなかったこと。ただ9・11が起きて、ブッシュ大統領との関係から何かやらなければいけないという思いがあった。アメリカのイラク戦争に対しては『支持する』と小泉さんが決断した。撤収についてもそう」

「だから小泉さんという人は、自分の思いとか理念をどうするかではなく、置かれた現実の中でいかに政治的な決断をしていくかという発想でいたんだと思います。それに対してわれわれ官僚は既存の法的な枠組みやツールを使って『やれる範囲はここまでですよ』と進言しつつ、総理の意向を実現しようとしたということです」

9・11同時多発テロという米国の一大事に際し、対米支援をいち早く決断した小泉首相。政治的な「勘」から発せられたトップ・ダウンの指図を官僚が政策化する。その繰り返しだったという。

「ところが、安倍さんは違う。はなから憲法を改正したいという思いが先走っていた。だから第1次政権の有識者懇で私が立場上、事務局をやったけれど、実は与党も含めて『総理がやりたいならやらしておけば』という感じでした。安倍さんは『北朝鮮からアメリカ本土に向かって飛んでいくミサイルに対し、日本が迎撃しなくていいのか』という問題意識を示したので、私のほうから『総理、そのミサイルは北極上空を飛んで日本から離れていくので撃ち落とせないのです、物理的に』という話はしてるんですよ。『それでもいい、自分は理屈の問題としてそれをやりたい』と言うから、『首相がそうおっしゃるなら検討のための懇談会の立ち上げはお手伝いします』

となった。……みんな、腰が引けていたというか、やりたいんだったらやらしておけばっていう感じ、スタートはね」

「米本土へ向かうミサイルの迎撃」は、安保法制懇に課題として示された憲法解釈上の制約がある4類型――①公海における米艦防護、②米国に向かうかもしれない弾道ミサイルの迎撃、③国際的な平和活動における武器使用、④同じ国連平和維持活動＝PKOなどに参加している他国の活動に対する後方支援、の中の一つだ。安保法制懇の報告書提出は、第1次安倍政権では間に合わず、憲法改正や憲法解釈変更の取り組みは進まなかった。

「ただ、1年後に体調を壊して総理を降板せざるを得なくなった。それでも執念で復活してきた。あの執念の強さは、他の政治家にはないと思います。かつ、それが疎外感を持つ一定の国民に響いて岩盤支持層ができていく。そういうカリスマ性が安倍さんにはあった。一方、安倍政治をそのまま引き継いだ岸田（文雄）さんには、そういうカリスマ性はまったくないから、何を目指しているのか、わけがわからなくなった」

小泉がその場の情勢といった流れを読むのに長けた政治家だとすれば、安倍はイデオロギー優先の夢想家だったといえるかもしれない。一方、党内基盤の弱い岸田は「安倍政治」を継承するものの、2023年3月8日、視察先の福島県相馬市で中学生になぜ首相を目指したのかと問われ、「日本の社会で一番権限の大きい人なので」と述べたように、最高の権力を手にすること、つまり首相になること自体が目標だと身も蓋もなく明かすのだから、カリスマ性など持ち合わせようがない。

情勢にマッチした日米の同盟モデルとは

２０１２年の第２次政権の発足から安倍は「デフレからの脱却」を掲げ、「金融緩和」「財政出動」「成長戦略」の３本の矢を柱とするアベノミクスによって、円安株高が進み、輸出を中心とする大企業の業績は好転した。経済が絶頂期を迎えた１９８０年代から坂道を転がるように国際競争力を失っていった日本のカンフル剤になった。

「日本を、取り戻す。」「地球儀を俯瞰する外交」「働き方改革」などさまざまなスローガンを打ち出し、６回あった国政選挙は連戦連勝。政権基盤が安定し、「安倍一強」が形づくられる中で安保法制は制定され、過去に何度も挫折した特定秘密保護法も成立、未遂ですらない人々を罰する「共謀罪」法も通った。理念先行の安倍政治は、長期低落から抜け出せない日本社会の中で、燃え尽きる間際の線香花火のような一瞬の輝きを見せた。

光が強ければ、その分だけ闇は深い。違憲の疑いを指摘される安保法制を強引に成立させただけではない。「森友学園」「加計学園」「桜を見る会」の問題は、一強がもたらした政治腐敗の象徴といえる。「丁寧に説明する」と言いながら、何の説明もしない答弁術は岸田政権まで引き継がれ、旧統一協会と自民党との関わりやパーティー券の売り上げをめぐる裏金問題をうやむやにした。安倍の改憲願望は米国政治の変化と重なり、具体性を帯びていく。柳澤はこう言う。

「アメリカは9・11以来、対テロ戦争に向かう。そこではアメリカが破壊して日本とヨーロッパが立て直すという同盟モデルができていったと思います。その同盟モデルの中で（米軍の後方支援をする）周辺事態法に始まる対米支援モデルは、実はうまく機能したと思う。戦闘地域かどうかという、理屈の上で危なっかしい部分があったとしても、『アメリカが戦争をする』『日本が国づくりを手伝う』という同盟モデルが情勢にマッチしていたと思います。しかし、その後、オバマ政権のアメリカはイラクから撤退する、戦争から手を引く流れになっていく。すると『日本は国づくりをやればいい』というモデルはもう通用しなくなる。今度は中国を相手に戦わなければいけないという新たな同盟モデルをアメリカが求めてくるようになった」

「当時、安倍さんがそこまで認識していたかわかりませんが、安倍さんのベースには対中脅威論があったことは間違いない。小泉さんの時代と安倍さんの時代では、アメリカが日本に求める同盟モデルの姿がまったく違うものになっていた。だからもう周辺事態法の枠組みでは応えられない。それではどうするか、きちんと考えないといけないのだけど、岸田さんになって『とことん何でもやります』というところまで進めてきているのが今日の姿だと思います。だからめちゃくちゃ危ないではないかと、私は言っているんです」

周辺事態法ができた1990年代後半から小泉政権までは、自衛隊の活動が抑制的だったのは間違いない。名古屋高裁の違憲判決はあったものの、前章の柳澤の説明通り、政府には憲法の枠の中での活動にとどめるとの認識があった。

しかし、第2次安倍政権となり、憲法を変えられないならば、せめて憲法の解釈変更をするという方向に踏み切り、「存立危機事態」という日本防衛に一皮をかぶせた形の新たな事態をつくり出して集団的自衛権の行使解禁へと向かった。「アメリカの戦争」の戦後処理にあたる「日本による国づくり」という同盟モデルから、「アメリカの戦争は日本の戦争だから、アメリカの戦争に参加する」に変化させた。

ただ、あらためて熟考するまでもなく、米国の戦争が日本の戦争と同義語であるはずがない。仮に米国が攻撃され、被害が出たとしても、それによって日本の存立が立ち行かなくなる事態が起きるわけではない。しかし、アメリカへの攻撃は必ず日本の危機になると決めつけなければ集団的自衛権の行使はできない。だから米国の危機は日本の危機だと断定せざるを得ない。この珍妙な論理を掲げた安倍は、台湾をめぐって中国と米国が争うこと、日本がその間に挟まれることまで想定したのだろうか。

「想定していないと思います。当時は、もっと漠然とした中国脅威論なのです。そこにウクライナ戦争があって、その後に台湾有事の問題がクローズアップされてきた。それより前に想定していたらおかしな話になる。安倍さんは日中首脳の相互訪問まで合意しているわけですから。第1次政権の時も最初の海外訪問先は北京でした。日中の戦略的互恵関係というアイデアも安倍さんの時に出されている。だから、台湾有事まで考えて集団的自衛権行使を解禁したのではなく、それはもう一方の信念であるところの『血を流さないと真の同盟ではない』に由来している。血を流す関係になって初めて日本はアメリカと対等になれるという意識だと思うのです」

中国との関係がぎくしゃくし続ける現在、忘れがちだが、安倍が首相を退陣する前の2020年4月、日中両政府は習近平国家主席を翌年に国賓として日本へ招待することで合意していた。だが、その後のコロナ禍や中国海警局による尖閣諸島への領海進入が頻発したことで、来日は見送られた。菅政権、岸田政権を経て日中関係は改善しないどころか、悪化の一途をたどった。

中国は日本にとって最大の貿易相手国であり、38%と先進国で最低の日本の食料自給率も、中国から輸入する肥料がなければさらに先細る。日中の関係改善は、台湾有事に日本が巻き込まれないためにも早急に実現しなければならない。

「私は、安倍さんがいなくなったのは、大きな政治の結節点になったと思います。岩盤保守層の支持がある安倍さんだからこそ、中国と妥協もできるという力関係がある。今、中国と妥協できる政治家っていないのですよ」

岸田政権で外相に就任する前まで日中友好議員連盟会長だった林芳正衆議院議員は、外相になると自民党内から「媚中派」と揶揄された。中国外相からの招待が報じられると「間違ったメッセージを海外に出す」との反発が出て、対中外交は足踏みせざるを得なかった。妙な話だが、日中友好を目指す議員に抜本的な日中関係の改善はできないという巡り合わせがある。

「だから反中の頭目みたいな人が中国と妥協できるんです」と柳澤。党内外の保守勢力をまとめられる安倍であれば、中国との関係改善を図ったとしても国内の保守勢力は抑えられたはずというのだ。

「米国に従属する軍事大国」になる

歴史にＩＦ（もしも）はないというが、岸田首相が自民党総裁選への出馬を断念した時に安倍が健在だったとすれば、3度目の首相登板がなかったと言い切れるだろうか。もちろん安倍派を中心に吹き出したパーティー券をめぐる裏金問題は大きなダメージだが、少なくとも候補者が9人も乱立する事態にはならず、「安倍政治の継承」を掲げて決戦投票まで競った高市早苗元総務相の出馬もなかっただろう。最後は石破茂と安倍の一騎討ちになったのではないだろうか。だが、現実には安倍はいない。それでも安倍政治は岸田首相まで引き継がれ、日本の国のかたちを変え続けてきた。

イラク空輸訴訟の弁護団事務局長を務めた弁護士、川口創はこう言う。

「実は、私は安保違憲訴訟には関わってきませんでした。自分はすでにイラク訴訟で『使用済みのカード』であり、新たな訴訟には、新たな人たちが取り組むことが必要だと思っていたからです。しかし、先月（2024年7月）、安保違憲訴訟の全国集会に行って、遅ればせながら名古屋の裁判に加わることにしました。何年も不義理していたのですけれど、安保法制ができたこの9年間で何が変わったかをまとめています」

「集団的自衛権を容認したことによって何が変わったのか。集団的自衛権の行使は自国への攻撃対処とは無関係なので、自衛隊が出動できる範囲は地理的に無制限となる。長距離の遠征能力が当然、必要になります。自分を守るのではなく、他国に対する攻撃をするので、圧倒的な打撃力が必要になります。これは岸田政権が閣議決定で保有を決めた『敵基地攻撃（反撃）能力』につながっています。それが抑止力強化の発想と結びついて、他国を制圧する軍事力を持つことになる。それで防衛費2倍と」

「名古屋高裁の判決を否定する部分を含む安全保障関連法ができたことによって攻撃型空母がつくられたり、長い射程のミサイルが必要になったり、南西諸島に基地が拡大された。台湾有事というフィクションを根拠に軍事力を強め、それが本当の危機をつくり出す結果になっている。あえて危機をつくり出して、軍事費を増大し、安保法制を推進するために活用してきているわけです。安保法制ができただけならば何もなかったのに、自衛隊と米軍との関係も含めて大きく変容させる作業を9年間、着々と進めてきた。その結果、まさに世界一のアメリカに従属し、しかも、米軍の手先となって戦争の前線を担う『世界一のポチ軍事大国』になってきているわけです。こんなひどいことはない」

川口の言葉を理解するには、説明が必要だろう。安保法制の制定だけなら、自衛隊が出動できる範囲の変化は、地理的な拡大にとどまる。そこに「敵基地攻撃能力の保有」が追加されたことで、自衛隊の兵器が格段に強化されることになった。つまり、こういうことだ。安保法制上、「米国の危機」は「日本の危機」だから、自衛隊が米軍と共に海外で米国の敵国と戦うことになる。その時の自衛隊の攻撃力は米軍を補完できるほど強力になったのだから「米軍の二軍」として役立つ、まさに「米国に従属する軍事大国」になったというのだ。

米国は、自国の国益に直結する政策を打ち出した日本の首相をもてなす努力を怠らない。近年、国賓待遇として招かれた3人の首相には共通する特徴がある。いずれも米政府の要求を飲んで日本の政策を変え、対米追従の姿勢を明確にしたことだ。

2006年6月、国賓待遇で訪米した小泉純一郎首相は、米国の年次改革要望書の通りに郵政を民営化した。郵便局を解体し、郵便貯金と簡易保険を民営化して米企業の参入を可能にした。2015年4月訪米の安倍首相は、12年の衆院選挙で「断固反対」(自民党)と主張していたにもかかわらず、オバマ大統領が推進した環太平洋パートナーシップ(TPP)への参加を表明。訪米中に開かれた外務・防衛担当閣僚会合(2プラス2)で自衛隊が世界規模で米軍を支援することを約束した。岸田の場合、2022年12月、閣議で安全保障関連3文書を改定し、「敵基地攻撃能力の保有」「防衛費の対GDP比2%」を決めたことが該当する。攻撃能力の保有は、外征軍である米軍を自衛隊が支え、防衛費倍増にあたるGDP比2%への移行は安倍政権から始まった米国製兵器の「爆買い」継続を可能にした。つまり、国賓待遇となった首相は、いずれも米国の利益となる政策を打ち出し、大歓迎されたのだ。

閣議決定直後の2023年1月、訪米した岸田をホワイトハウスの玄関で出迎えたバイデンは互いに「ジョー」「フミオ」とファーストネームで呼び合い、バイデンは「よくやった」と言わんばかりに岸田の肩に手を回した。それはそうだろう、安倍政権が制定した安保法制により、米国が期待する「日本による対米支援」の半分は達成したが、フミオは「自衛隊による攻撃力保有」という残る半分を穴埋めしたのだから。

それればかりではない。米政府から購入する米国製兵器の契約額は、第2次安倍政権で急激に増え、2019年度は7013億円を記録したが、岸田は、この契約額を2023年度に1兆4768億円とケタ違いに増やした。日本の富を米国につけかえる努力を惜しまない岸田の姿は、バイデンの目には「打ち出の小槌」に見えたことだろう。

国賓待遇として訪米した2024年4月の日米首脳会談は「指揮統制の連携強化」を打ち出した。敵基地攻撃が解禁されたとはいえ、海外における武力行使を想定せず、専守防衛でやってきた自衛隊は、敵の基地がどこにあるのかを知る情報収集力に乏しい。敵の位置情報を米軍に依存するだけでなく、「その（攻撃）能力を効果的に発揮する協力態勢を構築する」（安保関連3文書の国家防衛戦略）のに必要なのが「指揮統制の連携強化」である。

自衛隊と米軍が連携しようとすれば、情報力、攻撃力とも圧倒的に勝る米軍の指揮下に自衛隊が入るほかない。岸田は2024年4月18日の衆院本会議で「米軍の事実上の指揮統制の下に自衛隊が置かれることはない」と断言したが、ウソをついているか、軍事知識が欠落しているかのどちらか、もしくは両方だろう。

「加害者にならない」という平和的生存権

現代戦のロシアによるウクライナ侵攻の戦場では両軍によって人工知能（ＡＩ）がフル活用され、攻撃目標はほぼ瞬時に決まる。日米の指揮系統が分かれていれば、調整する時間が必要になり、敵に移動したり攻撃したりする機会を与えることになる。

岸田は２０２４年４月18日の衆院本会議で「自衛隊のすべての活動は主権国家たる我が国の主体的判断のもと、憲法、国内法令に従って行われる。自衛隊と米軍がそれぞれ独立した指揮系統に従って行動する。これらに何ら変更はない」と述べた。

だが、日米で「指揮統制の連携強化」を実行すれば、「主権国家たる我が国の主体的判断」は失われ、「憲法、国内法令」は無視される。つまり、憲法は空文化し、安全保障政策は米国に乗っ取られ、米軍と自衛隊は完全に一体化することになる。

同月の訪米中、岸田は上下両院合同会議で演説する機会を与えられた。日本の首相としては安倍に続いて２人目だ。声を張り上げたのは「米国は独りではない。日本は米国と共にある」と訴えた部分だった。議場は万雷の拍手に包まれ、照明が消えても首相は立ち去ることなく議員らと握手を続けた。

大歓迎されるのは当たり前である。日米安保条約第5条は「米国による対日防衛義務」を規定し、憲法の規定から本来、米国を守る戦いができない日本は第6条の「米国への基地提供義務」で応えてきたが、安保法制で対米支援を確実にした安倍首相に続いて、岸田首相が攻撃力の保有を決めたことでその対米支援に命を吹き込み、基地提供義務に加えて対米防衛義務まで背負い込んだ。事実上の条約改定である。それを「『専守防衛』は何ら変わらない」と言い放ち、たった20人の閣僚が集まった閣議決定だけで実現してみせた。

南シナ海の島嶼部をめぐり、中国との間で領有権争いを続けるフィリピンのマルコス大統領を含めた初の日米比首脳会談が岸田訪米に合わせて行なわれ、日本はフィリピンへの軍事支援まで引き受けることになった。本来なら米比相互防衛条約を締結している米国が果たすべき役割の一端を日本が担う。「日本は米国と共にある」との言葉には「米国の名代」になるとの約束が込められている。

国賓待遇の原動力となった「敵基地攻撃能力の保有」がいっそうの対米従属を促し、憲法の規定が空文化することまでフミオは考えただろうか。攻撃すれば必ず反撃されるはずだということまで踏み込んで熟考したとは、とても思えない。訪米し、終始ご機嫌だったあの表情を振り返ると、何も考えていないのだろうと疑わざるを得ない。

安保法制の違憲性を訴え、進行しつつある「戦争ができる国」から元の「平和国家」へ戻すための安保法制違憲訴訟が各地で続いている。原告は平和的生存権を侵害され、精神的苦痛を受けるなど人格権を侵されたと主張する。

原告弁護団に加入した川口の主張は、だが、少し異なるようだ。

「台湾有事が騒がれていることもあって『戦争の被害者にならない』という面に焦点が当てられていますが、（イラク空輸訴訟で）名古屋高裁での訴えの基本は『加害者にならない』ということでした。私たちが訴えた平和的生存権の本質は、『戦争の被害者になりたくない』ということではなく、『戦争の加害者となることを拒絶する権利』なのです。加害者になることは私たちの人格の根幹を踏みにじる。その意味で『加害』を強いられることによる『被害』です。本質的には加害者にならないことが平和的生存権の核心です。私たちは戦争によって侵略した歴史を持っているわけだから、戦争を止めるためには自分たちの加害性に目を向けて『加害者にならない』という訴えが大事なのです」

政府は、憲法9条1項の「戦争放棄」について、過去の反省から戦争を放棄したと説明している。9条2項の「戦力の不保持」は「自衛戦争を遂行するための能力」も放棄したので「交戦権の否認」につながるとされる。では自衛隊の存在は何か、となると「自衛のための必要最小限の実力組織」であって、行使するのは「武力」ではなく「実力」なので2項前段の「戦力」にはあたらないと説明してきた。憲法は9条1項、2項を通して、二度と戦争の加害者にならないことを明確にしている。

「戦争をしない、自分たちからしないと決めているのに、安保法制で集団的自衛権を認めた。攻撃しますよ、と言った時点で、憲法の価値を踏みにじっているわけです。平和的生存権はその本質において、こちらから他国に対して、平和を侵すようなことを私たちはしません、ということ。中国や北朝鮮に対して、私たちは被害者だと思い込まされている部分がありますが、中国や北朝鮮に対して、軍事力を強調して押さえ込もうとすればするほど、中国や北朝鮮に脅威を与えているという自覚を持つべきです。抑止力とは相手に脅威を与えることを意味するので、抑止力政策の当然の帰結です。しかし、これは戦争のリスクを高めることにしかなりません。加害者性を強調して平和的生存権を訴えていく必要があるだろうと思います」

名古屋高裁の判決は川口の主張と重なる。憲法上の権利か否か、裁判官によって評価が分かれる平和的生存権について、名古屋高裁判決は「法規範性を有するというべき憲法前文が上記のとおり『平和のうちに生存する権利』を明言している上に、憲法9条が国の行為の側から客観的制度として戦争放棄や戦力不保持を規定し、さらに、人格権を規定する憲法13条をはじめ、憲法第3章が個別的な基本的人権を規定していることからすれば、平和的生存権は、憲法上の法的な権利として認められるべきである」と明快に憲法上の権利と認定した。

そのうえで「憲法9条に違反する戦争の遂行等への加担・協力を強制されるような場合には、平和的生存権の主として自由権的な態様の表れとして、裁判所に対し当該違憲行為の差止請求や損害賠償請求等の方法により救済を求めることができる場合があると解することができ、その限りでは平和的生存権に具体的権利性がある」とし、戦争への加担・協力を強制される「加害性」をめぐり、裁判所に救済を求めることができると認定した。その裁判こそがイラク戦争における自衛隊活動の差し止めを求めるイラク空輸訴訟だった。

3・4倍増の共同訓練は「武力による威嚇」か

安保法制が2015年9月に成立して年が経過し、自衛隊が他国軍と行なう共同訓練は成立前と比べて年間3倍以上も増えた。米軍との共同訓練は、同法が成立する前の2014年度25回だったが、成立後の23年度は82回と、3・4倍もの増加を見せた。日米を中心に3カ国以上で行なう多国間訓練は42回から142回と、同じく3・4倍に増加した。

洋上の共同訓練は日本周辺の太平洋や日本海ばかりでなく、日本防衛と直接関係があるとは思えない南シナ海やインド洋に広がっている。朝鮮半島に近い日本海で行なう日米韓の3カ国訓練は対北朝鮮を、また南シナ海で実施する日米豪などの多国間訓練は対中国を想定している。

南シナ海からインド洋に至る航路は中国の習近平国家主席が推し進める巨大経済圏構想「一帯一路」に重なる。この構想は陸路と海上航路でつなぐ物流ルートをつくって貿易を活発化させ、経済成長につなげようとするだけでなく、アジアやアフリカの途上国に投資して各国の港湾を重要拠点として活用する安全保障政策になっている。

2016年当時、安倍首相が「一帯一路」の対抗策として掲げた「自由で開かれたインド太平洋（FOIP＝ホイップ）」を受け、海上自衛隊は2018度から「インド太平洋方面派遣」と称して毎年、護衛艦3隻からなる艦隊を編成し、「いずも」と「かが」を交互にインド洋と南シナ海に送り込んできた。

対潜水艦戦に特化したこの2隻を交互に派遣することで中国海軍の潜水艦を南シナ海に封じ込める狙いがある。2024年度は攻撃型空母への改修途上にある「いずも」「かが」の2隻を含めた護衛艦5隻、輸送艦1隻、潜水艦数隻（隻数非公表）、哨戒機2機という過去最大規模の派遣となり、期間は過去最長の227日にのぼった。

海上自衛隊が保有する護衛艦54隻のうち任務に就いているのは3分の1の18隻前後にすぎない。このうちの5隻を海外へ派遣するのだから、自衛隊の任務はもはや日本防衛にとどまっていないのは明らかだ。

明確に米国の戦略に組み込まれた訓練への参加もある。2024年度、カナダ、フランスも加わり、太平洋・南シナ海における最大規模の訓練となった米軍の隔年演習「バリアント・シールド」に日本は初めて参加した。6月7日から18日までの日程で、米軍の陸海空、海兵隊など1万人以上が参加。米軍の要請を受けて自衛隊約4000人が訓練に臨んだ。南シナ海には米空母や加仏駆逐艦のほか、海上自衛隊の護衛艦、潜水艦も展開し、中国軍との戦闘を想定した訓練を行なった。

「バリアント・シールド」の中で、青森県の海上自衛隊八戸基地、宮城県の航空自衛隊松島基地へ米空軍のF16戦闘機が飛来、自衛隊から燃料の補給を受けて模擬空中戦を行ない、日米の連携を確認した。自衛隊基地への飛来は米空軍の「ACE（エース、迅速な戦闘展開）」と呼ばれる作戦にあたり、中国からのミサイル攻撃を念頭に米空軍基地から部隊を分散させる狙いがある。

同様の訓練は自衛隊も行なっている。2023年11月、航空自衛隊のF2戦闘機が岡山空港と大分空港に降り立ち、民間業者から燃料補給を受けた。日米双方は台湾有事に備え、それぞれの基地が攻撃されるとの前提で他の基地や民間空港の利用へと手を広げている。

問題は、自衛隊や米軍が使う民間施設は「軍民共用」とみなされ、国際法上は許されない民間施設への攻撃が合法化されることだ。政府は2024年4月、民間空港・港湾を国費で改修する見返りに自衛隊による使用を求め、7道県16カ所を「特定利用空港・港湾」に指定した。戦争の被害を民間にまで拡大させることになる。

2024年7月から8月までは陸上自衛隊と米海兵隊による日米共同訓練「レゾリュート・ドラゴン」が行なわれた。2022年度から始まったこの訓練は、北海道だけで行なっていた同「ノーザン・ヴァイパー」を発展的に解消し、日米の作戦能力と相互運用性の向上を目的に展開先を全国に広げたものだ。

今回は、台湾有事を想定して沖縄本島や宮古島、石垣島などの各駐屯地でのミリイル発射機の展開のほか、物資や患者の輸送訓練を実施。台湾に最も近い与那国島へは米海兵隊の最新対空レーダーが航空自衛隊の輸送機で運ばれ、設置された。

２０２４年12月から翌25年3月までの長期間、行なわれたのが陸上自衛隊と米海兵隊による日米合同訓練「アイアン・フィスト」だ。２００５年度に始まり、毎年、陸自の小規模部隊が渡航して米国内で行なわれてきたが、２０２２年度からは舞台を日本に移し、九州・沖縄の南西諸島周辺で大々的に実施されるようになった。

敵に奪われた離島を奪還する想定で行なわれた２０２４年度の「アイアン・フィスト」には、オブザーバー参加の常連だった英国、ドイツ、フランス、豪州に加え、フィリピン、オランダがオブザーバー参加した。米軍の訓練や日米共同訓練に多くの国が参加したり、見学したりするのは、数の力で中国に圧力をかけ、台湾に侵攻しないよう抑止を強める狙いがある。しかし、万一、抑止が破れた場合は戦争になる。

川口は「相手の立場から見れば、演習という名のもとに挑発行為をやっている。目の前で戦争ごっこをやっているわけですから。『攻めるぞ、お前を攻めるぞ』と言われているわけですから、実弾の1発、2発は撃ちたくなります。その1発をきっかけに戦争へとつながることは十分にあり得ることです。軍事力を誇示し、挑発をしていくその先に平和があるとはとても思えません」と批判する。

安保法制により、自衛隊は「密接な関係にある他国」の戦争に参戦できることになった。その他国は「米国だけとは限らない」（安倍首相）のだから、時の政権の判断で無限に広がる可能性がある。軍事協力を協議する外務・防衛担当閣僚会合(2プラス2)は当初、米国だけが対象だったが、現在はオーストラリア、フランス、英国、インドなど計9カ国にまで広がっている。

そうした国々と連携するために南シナ海やインド洋にまで出かけて行き、中国との戦いを意識した訓練を繰り返すのは、憲法9条で禁じた「武力による威嚇」に当たらないだろうか。さらに岸田政権は「専守防衛」を踏み越えて攻撃力を持つことを決めた。これらは憲法違反の法律であり、憲法違反の閣議決定ではないのか。

安倍政治を継承する石破政権

イラクにおける航空自衛隊の米兵空輸を憲法違反とした元名古屋高裁裁判長の弁護士、青山邦夫は、安保法制と敵基地攻撃の閣議決定について「やっぱり憲法違反だと思う。集団的自衛権の行使を認める法律をつくったのは本当に大きい。自衛の範囲を超えて、どんどん他国のために戦争をする。米軍と一体になってやろうとしていて、指揮権まで渡さないといけない。今そこまで来ていますね」と指摘する。

結局、平和憲法の根幹を曲げて、米軍と共に戦う、あるいは米軍を守るために戦うのは対米追従にほかならない。そんな政策を推進する政治家は、日本が独立国家の矜持を失っていくのを嬉々として眺めながら、対米依存度をますます深めようとしている。

「僕もそう思いますね。本当に主権国家としての節度があるのかと。軍事同盟があるからといっても不平等な地位協定ひとつとってもどうかと思う」と青山は言う。

２０２４年９月、自民党総裁選が行なわれて石破茂が当選し、10月１日には首相に就任した。総裁選の最中、石破は「アジア版ＮＡＴＯ」の創設に言及した。ＮＡＴＯ、つまり北大西洋条約機構はソ連の脅威に対抗するため冷戦時代につくられた西側諸国の軍事同盟だ。集団防衛のための組織であり、加盟国が武力による侵攻を受ければ、他の加盟国が侵略国と戦う義務が生じる。

ロシアのプーチン大統領がウクライナ侵攻を決めた背景に「冷戦後のＮＡＴＯ東方拡大」があり、ウクライナのゼレンスキー大統領がＮＡＴＯ加盟を目指して大統領に選出された以上、加盟は時間の問題と見られていたことがある。しかし、実際には未加盟であったため、ロシアによる侵攻を受けたあとも兵器の供与を受けるにとどまり、苦戦が続いた。

石破は自民党総裁に選出される直前の９月25日に公開された米シンクタンク「ハドソン研究所」への寄稿で、以下の通り、自説を述べた。

「今のウクライナは明日のアジア。ロシアを中国に、ウクライナを台湾に置き換えれば、アジアにＮＡＴＯのような集団的自衛体制が存在せず、相互防衛の義務がないため、戦争が勃発しやすい状態にある。このような状況下で、西側同盟国により中国を抑止するためには、アジア版ＮＡＴＯの創設が不可欠である」

「このため、日本は安倍政権時代に、集団的自衛権の行使を認める憲法の解釈を改めることを閣議決定した。日本への直接攻撃に対して最小限の武力しか使用することが許されていなかった日本の自衛隊は、一定の条件が満たされれば、日本と密接な関係にある国に対する攻撃であっても反撃できるようになった。その後、岸田政権下では『安保3文書』が閣議決定され、防衛予算を国内総生産（GDP）の2％に増額して反撃力を確保した」

石破は安倍首相が進めた憲法解釈の一方的な変更を追認し、「密接な関係にある他国」を防衛するために海外で武力行使できる、そのための防衛費増であり攻撃力の保有だと言い切っている。

そうなのだ。安全保障政策について言えば、石破首相は安倍政治をまるごと継承している。名古屋高裁の違憲判決を受けても、その後の政権がこれを無視し、むしろ憲法違反が疑われる方向へと歩を進めてきたのは、安倍晋三というひとりの政治家が憲法解釈を一方的に変更するという「首相によるクーデター」を実行し、多くの国民がその安倍政権を支持し続けたからだ。「党内野党」と揶揄された石破は、安倍政治に反発しながらも安保法制の採決には賛成し、その精神をまるごと引き継いだ。石破オリジナルのアジア版NATOの新設や日米地位協定の改定は、総裁選で「党内野党」の意地を示したにすぎない。現に石破政権の発足直後、これらの政策は「将来の課題」に棚上げされ、実現の見通しはまったく立っていない。

安倍晋三という野心に満ちた希有な政治家の敷いたレールを菅、岸田、石破といった、本来は安倍と政治信条が異なるはずの政治家が継承した。そうである以上、政権を交代する以外に、誤った「力による平和」からまともな「対話による平和」へと移行する政治は期待できない。戦争は忘れたころにやって来る。その時になって、望んだのは安倍政治ではなかったと言っても手遅れである。

冷静になって考えてみてほしい。日本が防衛費を対GDP比2％に増やしたとしても年間約11兆円である。これに対し、中国の国防費は2025年度36兆7000億円と、3倍を超える。日米安保条約を根拠に米国が対日防衛義務を果たすから強力な援軍が来ると考えるのは楽観的に過ぎる。復活したトランプ政権は1期目と同様、「米国第一」を掲げ、同盟国との連携や多国間安全保障の枠組みづくりにはあまり関心を示さない。NATOからの離脱さえ再浮上しかねない。極端な親イスラエルの立場を取り、プーチンとの関係も悪くないトランプにとって、極東の問題は欧州、中東に続く優先度の低い案件となる。

日本が推し進めるべきは極端な対米追従を見直し、インド太平洋における平和と安定を構想するためのリーダーシップを取ることである。世界第2位の経済大国となった中国は当然、巻き込まなければならない。核・ミサイル問題と拉致問題を解決するためには北朝鮮も無視できない。力をつけつつあるインドを含むグローバル・サウスの国々の是々非々の態度にも向き合わねばならない。それは結果的にトランプの4年間の任期中に対米自立の道を模索することに直結する。

与野党の知恵を集め、平和国家の原点に立ち返る方策を考えたい。外国の変化と国内の変化を、パラレルな迷路に入り込んだ私たちが法の支配と民主主義の価値観が当たり前に通用する世界に戻る好機ととらえたい。

第５章

台湾をめぐる米中の思惑と日本の現状

「党内野党」の元気消える

自民党総裁選が終わるまで石破茂が掲げていた安全保障政策は、期待と不安が入り交じる内容だった。総裁となり、首相となって内閣と党3役に自身を含めて5人の元防衛相が並び、政務秘書官も元防衛官僚となれば、ますます期待と不安は高まる「はず」だった。

「はず」というのは、首相就任と同時に、それらの政策を棚上げしたからだ。「党内野党」と言われたころと同じように自らの理想を述べただけだったのか。

まず期待のほうで言えば、在日米軍に特権を与えている日米地位協定の改定だ。米軍基地に日本の法律は適用されず、罪を犯した米兵が基地内に逃げ込めば、日本側の捜査に協力するもしないも米軍次第。入国審査も検疫も立ち入り権限もなく、米軍由来と見られるコロナ禍や有機フッ素化合物（ＰＦＡＳ）の問題が沖縄をはじめ、基地を抱える自治体に広がったのは記憶に新しい。全国知事会は２０１８年と20年に協定の抜本的な見直しを日本政府に提言した。

同じ米国との同盟国であるドイツとイタリアの場合、駐留米軍に自国の法律が適用され、捜査などの際に基地への立ち入りができるのは、両国とも冷戦終結や米軍の事件・事故をきっかけに地位協定の改定交渉を進めた結果だ。日本では１９９５年に沖縄であった米兵による少女暴行事件を受けて沖縄側が改定を強く求めたが、河野洋平外相は「議論が走り過ぎている」と述べて動こうとせず、結局、運用改善にとどまった。「殺人または強姦という凶悪な犯罪」で日本が起訴前に身柄引き渡しを求めれば米側は「好意的考慮を払う」ことになった。考慮するか否かは米軍に委ねられている。政権が国民と米国とのどちらを向いているかで、地位協定の中身が大きく異なることになった。

見直しは特権の剝奪なので米政府との交渉が難航するのは必至だ。石破は自衛隊のグアム駐留を提案し、日米が対等となることで改定につなげようとしたが、米側から対抗策として別の負担を持ち出される可能性もある。首相就任後の記者会見で「必要に応じて自民党に議論を指示する」とトーンダウンさせ、2024年12月の臨時国会では「同盟の持続性を高める観点から検討したい」と述べて事実上、先送りした。

一方の不安は、アジア版NATOの新設だった。安倍政権で安全保障関連法が制定され、集団的自衛権行使が条件付きで解禁されたことを受けて、北大西洋条約機構（NATO）と同じように相互防衛の義務がある軍事同盟の創設を提唱した。石破は「今のウクライナは明日のアジア。ロシアを中国に、ウクライナを台湾に置き換えれば、アジアにNATOのような集団的自衛体制が存在せず、相互防衛の義務がないため、戦争が勃発しやすい状態にある」（先述の米国ハドソン研究所への投稿）と主張しているので、中国に対抗する軍事同盟であるのは明らかだ。

とはいえ、例えば米中の間でベトナム国境を舞台に紛争が起きたとして、自衛隊が現地に派遣され、戦う様子を想像できるだろうか。尖閣諸島が軍事侵攻された場合、インドネシア軍やフィリピン軍が救援に駆けつけるとは到底、思えない。東南アジア諸国連合（ＡＳＥＡＮ）の加盟国には中国から経済支援を受ける一方、米国と軍事的な関係を深める国もあり、米中のどちらにも一方づきたくないというのが本音ではないだろうか。

そもそも日本が他国の戦争に参加すれば平和国家の骨格を揺るがすことになる。憲法上の制約が多い日本から呼び掛けても本気度を疑われるだけだろう。陸続きで戦場がたちまち全体に広がる欧州と違って、アジア諸国は海に隔てられ、他国の戦争に巻き込まれるおそれが少ないという地理的な特性や民族、宗教の違いから多国間の軍事同盟は生まれず、米国も多国間ではなく二国間で安全保障の網をかけてきた。

石破は就任後の会見で「いきなり実現するとは思っていない。具体的に指示は出していない」と棚上げを明言した。

首相に就任した特別国会の所信表明演説で「日米同盟は日本外交・安全保障の基軸。インド太平洋地域と国際社会の平和と安定の基盤。この同盟の抑止力・対処力を一層強化する」とこれまでの政権と変わりない安全保障政策を示すにとどまった。ここで言う抑止力とは中国を抑え込むための脅しであり、対処力は、抑止に失敗して中国と戦争となった時に必要になる軍事力を指す。この両方を「一層強化」するのだから、安倍政権から続く「軍事力強化の一本足打法」を踏襲すると宣言したに等しい。

滑り出した政権の「石破カラー」は極めて乏しい。内輪の論理にとらわれて腰砕けになる様子が日々報道され、内閣支持率は最初から低迷した。ようやく最高権力者の座を手に入れたにもかかわらず、何もできないとすれば、口先だけだったとの評価が定着しかねない。

2024年12月5日、臨時国会の衆院予算委員会。「変節してしまったのではないか」との野党の指摘に石破は「そこ（総裁選）で掲げた政策をこの通りにやることにはならない」と述べると委員室は「えーっ」とどよめいた。

党内基盤が弱いことは総裁選に出馬する前からわかっていたはずだ。とはいえ、総理総裁の権限は極めて強い。自民党においては選挙の公認を含む人事とカネの配分を差配し、官僚機構に対してはその存在の是非は別にして、首相官邸からにらみを効かせる内閣人事局がある。国民の声を意識して発信を続けた「党内野党」の原点に帰り、一内閣一仕事と割り切らなければ、何もできず短命内閣に終わるだろう。

「対話と抑止」、石破政権の対中政策

石破茂首相の対米政策は明快だ。2025年1月24日に開会された通常国会の施政方針演説で「我が国自身の能力を高める、日米同盟を更なる高みに引き上げる」と述べ、第2次安倍政権から変わらない日米同盟の強化を明言した。自民党総裁選時に打ち出し、米政府が難色を示したアジア版NATOは持ち出さず、米国の虎の尾を踏みかねない日米地位協定の改定にもまった

く触れなかった。

翌月、米国であった日米首脳会談。就任したばかりのトランプ大統領と向き合った石破はぎこちない笑顔で握手を交わし、対米投資を1兆ドルに引き上げると表明、バイデン、トランプ両政権が難色を示した日本製鉄によるUSスチールの買収問題は「買収ではなく投資だ」と伝え、朝貢外交に徹した。

首脳会談後に公表された共同声明には、岸田文雄政権で決めた防衛費を27年度までに倍増する強化策が書かれ、「米国は……27年度より後も抜本的に防衛力を強化していくことに対する日本のコミットメントを歓迎した」とある。国内で一切議論されていない27年度以降の防衛費について、石破はさらなる増加を米側に約束した。大統領が替わっても揺らぐことのない対米追従の姿勢を内外に示したといえる。

一方、わかりにくいのは対中政策だ。中国との関係改善につながる動きはある。岩屋毅外相は2024年12月に訪中し、李強首相や王毅外相と会談、ビザの発給要件緩和を表明した。中国側に求めた尖閣諸島の日本の排他的経済水域（EEZ）内に中国が設置したブイの撤去は25年2月になって中国が応じた。中国にとっても予測不能なトランプ米政権と向き合うには足元の些事にとらわれたくないとの思いがあり、日本との関係を安定させたいのだろう。

石破自身は2025年1月、東南アジア諸国連合（ASEAN）主要国のマレーシアとインドネシアを歴訪。南シナ海にある諸島の領有権をめぐり、中国と対立する両国と安全保障面でさらに協力することで合意した。両国は、日本が同志国の軍隊に武器などを提供する「政府安全保障能力強化支援（ＯＳＡ）」の対象国でもあり、この訪問で石破はインドネシアに高速艇の供与を約束した。

石破政権は安倍政権が打ち出した「自由で開かれたインド太平洋（ＦＯＩＰ＝ホイップ）」を引き継いでいる。法の支配、航行の自由、自由貿易の普及・定着をインド太平洋で進める構想で、習近平国家主席が打ち出した巨大経済圏構想「一帯一路」と競合する。ＦＯＩＰの中核である日米豪印の4カ国は「ＱＵＡＤ（クアッド）」と呼ばれ、対中抑止を想定した合同軍事演習を繰り返す。同じ地域には米英豪の「ＡＵＫＵＳ（オーカス）」や日豪比の枠組みもあり、米国の同盟国による重層的な対中包囲網が形成されている。

これらを総合すると、石破政権の対中政策は「対話と抑止」という一見、相反するハイブリッド戦略をとっていることになる。

石破は、日中国交正常化を実現した田中角栄元首相を「政治の師」と仰ぐ。2024年8月に発売した自著『保守政治家——わが政策、わが天命』（講談社）の中には「角栄先生の非戦と対米自立の構え、日中国交回復という偉業、列島改造という試みについては、そこから学び、それをどう継承し未来に繋げていくかを試行錯誤しているという意味で、大きな影響を受けている者の一人でもあります」とある。そしてロシアによるウクライナ侵攻が続き、台湾有事がささやかれる現状について「ロシアや中国との外交関係を絶やさない努力が、一方で重要だということを、強調すべきだと思います」と持論を展開する。

自民党保守派には、中国との対話を否定する向きも少なくない。岩屋外相が進めたビザ緩和に対し、党内から異論が噴出したのはその証拠だろう。石破は党内の反応を見て「試行錯誤」を続けながら「外交関係を絶やさない努力」を続けられるのか。「対話と抑止」のバランスが崩れ、抑止が強調されて対話が成り立たなくなれば最悪の事態を招きかねない。

台湾侵攻は習近平国家主席の判断次第

現在の中国は1949年、中国共産党によって中華人民共和国として建国された。この当時から中国は台湾について「核心的利益」という表現を使って、必ず統一をなし遂げると言い続けている。米国では一時、「台湾有事は2027年までに起きる」とインド太平洋軍の司令官やCIA長官が喧伝した。「予算欲しさだ」と冷やかに見る向きがある一方で、「起こりうる」との分析もあった。

台湾統一は中国共産党の目標であるだけでなく、長期政権を目指す習近平国家主席が権力を維持するための「力の源泉」でもある。2012年、最高指導者に就任した習は政敵を排除して権力基盤を固めた。2022年10月の中国共産党大会で総書記続投を決め、23年3月、中国の国会にあたる全国人民代表大会（全人代）で前例のない3期目の国家主席に就いた。

習と台湾との関わりは古く、1985年、台湾の対岸にある福建省アモイ市の副市長に就任したことから始まった。台湾資本を呼び込んでアモイの発展を実現し、台湾漁船と通じて中国の海上民兵の基礎をつくり上げた。その功績が高く評価され、福建省の省長、隣接する浙江省の書記を経て、党中央政治局常務委員、国家副主席、国家主席の地位を短期間のうちに駆け上った。

台湾を踏み台にして権力を掌握し、党内に並ぶ者がいない習が台湾統一を目標に掲げ続ける限り、最高権力者の座は揺らぐことはない。その意味では強硬策は不要なはずだが、米台が急速に接近し、バイデン大統領が「台湾を防衛する」と明言したことで、米国が守るとしてきた「一つの中国」政策への疑念が生じている。

習のいらだちは2022年8月、米国のペロシ下院議長の台湾訪問でピークに達した。ペロシが到着した2日夜、中国軍は意趣返しのように台湾周辺6カ所の海域で実弾演習を行なうと発表し、4日から開始。米軍の空母ロナルド・レーガンが急遽、フィリピン沖へ移動、一定の距離を保ちつつも米中がにらみ合う事態となった。

訓練の目的について、中国軍は「米国が台湾問題をエスカレートさせたことに対する厳正な威嚇であり、『台湾独立』の企みへの厳重な警告である」と発表した。一方、台湾国防部は2日夜、計21機の中国軍機による台湾南西空域への侵入があったと公表。台湾メディアは、中国の空母「遼寧」と「山東」がそれぞれ母港を出港し、台湾周辺海域に向かっていると報道した。

中国軍の動きは1996年にあった第3次台湾海峡危機を彷彿とさせるが、当時と比べて軍事力がはるかに強化されており、威嚇が実際の米中衝突に発展するおそれがあった。訓練海域を見ると、台湾海峡危機の時よりも台湾に近接し、かつ台湾東部およびバシー海峡を含め、台湾を包囲するような形で大規模に設定されたことがわかる。台湾に対して圧倒的な軍事的優位性を見せつけたといえる。

中国軍機が接近するたび、台湾軍の戦闘機は緊急発進して領空侵犯を防ぐ措置を取らざるを得ない。２０２４年９月26日には、24時間強の間に延べ70機を超える中国軍機と艦艇８隻が台湾周辺に現れた。度重なる台湾への脅しは、中国軍の実戦能力の向上を兼ねた訓練であると同時に、恒常的な台湾への軍事的圧力となって、兵員数で劣る台湾軍に消耗を強いている。

台湾侵攻に踏み切るも留まるも習の腹ひとつだ。国家主席の任期を迎える２０２７年以降もその座に居続けるには、相応の成果が求められる。台湾統一に勝る成果はないものの、長引くロシアのウクライナ侵攻を見れば、武力に訴えることのリスクを考えなければならない。北朝鮮がロシアとの間で包括的戦略パートナーシップ条約を結び、中国の影響下から抜け出す動きを見せていることも、習をためらわせる一因になるだろう。

ここで鍵になるのは米国の出方だ。２期目のトランプ政権が台湾への関心を薄めれば、習は勢いづくかもしれない。あるいは米朝首脳会談が再開されて、米国が北朝鮮の核保有を認める事態になれば、東アジアにおける米国の影響力は弱まり、日本や韓国の安全は脅かされる。米朝双方が核の不使用を確約するには、朝鮮戦争の終結と平和条約の締結を進める必要があり、実現すれば韓国からの米軍撤退や縮小も検討されるだろう。その動きは中国への追い風となり、習の選択肢を広げることになる。

国益を優先させ、「台湾を守る」という米国

バイデン大統領はウクライナへの派兵は明確に否定したが、台湾への対応は明らかに異なった。2022年9月、米国のテレビ番組に出演し、「米軍は台湾を守るのか」と問われ、「イエス」と回答。「ウクライナと違って、米軍は中国の侵攻があった場合に台湾を守るということか」と聞かれても「イエス」と答えた。

バイデンが台湾防衛を明言したのは就任以来4回目だ。1979年、米国は中国との国交を正常化する際、中国が主張する「一つの中国」について「認識する」と答える一方、国内法の台湾関係法を定めて台湾への武器輸出を続けてきた。台湾防衛について態度を明らかにしない「あいまい戦略」を取り続けてきたが、バイデン政権になって明らかに変化した。

理由ははっきりしている。世界中の先進国がそうであるように米国は大量の半導体を必要とする。台湾にある世界一の受注半導体メーカー「台湾積体電路製造（ＴＳＭＣ）」は受注生産する半導体のシェアで60％以上を占め、高性能半導体に絞れば90％にもなる。時価総額は約60兆円で、日本の最大手企業、トヨタ自動車の約1・5倍だ。

仮に台湾が中国に併合されると、中国は半導体の輸出規制を始めるだろう。バイデンが西側だけのサプライチェーン（供給網）を提言し、中国に半導体技術が渡らないよう画策したことの意趣返しである。ＴＳＭＣは米アリゾナ州に巨大な半導体工場を建設しているが、本社は台湾だ。半導体が不足すれば、米国の主要産業である自動車、航空機、兵器などの工業分野は立ち枯れてしまう。

もう一つの理由は、米国の平和と安全を守るためである。海洋国家である米国は太平洋に共産主義勢力を入れないことを目標に掲げ、中国軍の洋上進出を重大な懸念材料と見ている。

冷戦時、米国はソ連の核ミサイルを搭載した原子力潜水艦（ＳＳＢＮ）をオホーツク海に封じ込め、太平洋に進出する際は米原潜が追尾して核ミサイルの発射を許さない態勢をとった。現在は南シナ海などの基地から出航する中国のＳＳＢＮが追尾の対象だ。

２００４年11月、潜水したまま日本の領海に侵入した中国の漢級原子力潜水艦に対し、日本政府は海上警備行動を発令した。海上自衛隊の護衛艦、哨戒機が2日間にわたって追跡する騒ぎとなった。「中国原潜が接近中」との情報は米国からもたらされた。青島基地から出航する様子は米国の偵察衛星によって捕捉され、米原潜が追尾を開始。潜ったままグアムを周回した漢級原潜が日本領海を侵犯する直前になって米国からの情報提供があり、日本側が引き継いだ。

中国海軍の艦艇の多くは、沖縄本島と宮古島との間にある宮古海峡から太平洋に進出する。公海なので潜水艦は潜ったまま通過できるが、南西諸島の海底に張り巡らされた音響監視システム

(Sound Surveillance System ＝ＳＯＳＵＳ）によって漏れなく捕捉されている。台湾が中国に占領されることとなれば、中国海軍の艦艇は台湾から太平洋へ進出できるようになり、米軍の監視網をすり抜ける。自国の安全が脅かされる事態を米国が見逃すはずがない。

このように米国は自国の産業維持と安全保障の両面から中国による台湾統一を阻止したいと考えている。ウクライナに米軍を派遣しないのは、その両方がないからだ。派兵しない一方で大量の米国製兵器を提供するのは「ロシアがウクライナ侵攻でやってきたようなことを繰り返す力を失うほどに弱体化させる」（２０２２年4月24日オースティン米国防長官）という狙いがあるからだ。

米国は20年におよぶ「テロとの戦い」に見切りをつけ、２０２１年8月にアフガニスタンから撤退した。対中国で全力投球しようとしていた矢先にウクライナ侵攻が起きた。米国はウクライナ人の命と引き換えにロシアが二度と立ち上がれないよう弱体化させる道を選んだ。中国が必要以上にロシアに接近しないようにするには、ロシアの勢いを削ぐことだと米国は考えているのだろう。

21世紀幕開けのころ、米国の中国への見方はまったく違った。中国が経済成長を遂げることにより民主化が進むと考え、世界貿易機関（ＷＴＯ）への加盟を積極的に後押しした。２００１年のＷＴＯ加盟により、中国の貿易は拡大し、日本を抜いて世界第2位の経済大国に躍進する原動力となった。

すると中国は経済力を背景に国際秩序に挑戦する姿勢を見せ始め、米国が望んでいた中国の姿から大きく逸脱した。トランプ政権下のペンス副大統領は2018年10月の講演で、対中政策の変更を打ち出した。

ペンスは「(中国の)建国以来、米国は中国人民の友であろうとし、中国共産党政府の改革・開放政策を後押しし、その経済発展と自由民主主義への移行を期待してきた。……しかし、WTO加盟後に中国の国内総生産(GDP)は9倍となったにもかかわらず、中国政府は強権的体質を強めている」と問題を列挙した。続いて、次のように述べた。

「海外企業への知的所有権供与の圧力、『中国製造2025』計画で示された先端的製造業を独占する意志、機密情報の窃取と軍備強化、国内の宗教諸派の弾圧、インフラ構築支援に名を借りた途上国での影響力拡大、ひいては米国内政に干渉し、反トランプ政権支援にまで手を染めている」

「もはや世界経済への参入を通じて中国を西側の価値観に同調させる『関与』政策の失敗は明らかで、トランプ政権が昨年末の『国家安全保障戦略』で示したように大国間競争を前提とした政策を採用するほかない」

ペンスが中国敵視ともとれる演説を行なったのは、米国の指導層には党派的対立を超えて対中警戒論が広がっているので、対中政策の転換が支持を集めると見たからだ。演説は中国政府の体質そのものを非難の対象としている。冷戦時代の対ソ連のような「敵対」とまではいかないまでも、米国の対中政策はもはや貿易面の対立にとどまらず、「競争」というマイルドな言い方を使った「新冷戦」に入り込んだ。

その米国は再び大きく変わりつつある。2025年1月に就任したトランプ大統領は同年2月、ホワイトハウスを訪れたウクライナのゼレンスキー大統領と会談した際、報道陣の前で激しい口論を展開した。ウクライナの鉱物資源を提供する見返りとして「安全の保証」を求めたゼレンスキーに対し、米国が武器を供与してきたことへの感謝が足りないと同席したバンス副大統領と共になじり続けた。

被害者であるウクライナ側を非難して加害者であるロシアのプーチン大統領に急接近するトランプ。これまでの米政権がかろうじて保ち続けた「正義の装い」は消え、損か得かで判断する打算の政治だ。米国の利益を追求する「米国第一」を掲げるトランプは米国の貿易赤字が最大の相手国になっている中国に対し、重い関税を課した。不動産不況や少子高齢化が進み、経済の苦境が目立つ中国との関係は悪化せざるを得ない。

覇権国家と台頭する新興国家が、戦争が不可避な状態にまで緊張を高めることをギリシアの歴史家の名前から「トゥキディデスの罠」という。命名した米ハーバード大学のグレアム・アリソン教授の研究では、過去500年の覇権争い16件のうち、12件（75％）が戦争に至った。米中の対立は「トゥキディデスの罠」にはまりかねない危険性を帯びている。

第6章

仮想「台湾有事」を避けるために

台湾に急接近する政治家たち

「戦う覚悟です」。２０２2年8月8日、麻生太郎自民党副総裁の発言は台湾を訪問中に行なった講演で飛び出した。政府ではなく党を代表する立場だが、元首相でもあり、国交断絶後の台湾を訪問した意味は重い。

麻生発言は以下の通りだ。

「最も大事なことは、台湾海峡を含むこの地域で戦争を起こさせないことだ。……今ほど日本、台湾、アメリカをはじめとした有志の国々に非常に強い抑止力を機能させる覚悟が求められている時代はないのではないか。戦う覚悟です。いざとなったら、台湾の防衛のために防衛力を使う」

この発言について、麻生に同行した鈴木馨祐・自民党政調副会長はＢＳ番組で「個人の発言ではなく、政府内を含め、調整をした結果だ」と明かした。

麻生発言のうち、台湾海峡の平和と安定の重要性を訴えたまでは政府の公式見解と変わりない。南西諸島の要塞化を進める岸田政権ならば「抑止力を機能させる」までは調整したかもしれないが、「戦う覚悟」は政府公認なのか。

ニュース映像を見ると、麻生が原稿を読んでいるのは「(今ほど) 覚悟が求められている時代はないのではないか」まで。「戦う覚悟です」以降は原稿に目を落とすことなく、正面を見すえて語っている。用意した原稿から離れ、自身の考えを表明したように見える。

麻生といえば、2013年7月29日、憲法改正をめぐるシンポジウムに出席して「ある日気づいたら、ワイマール憲法が変わって、ナチス憲法に変わっていた。誰も気づかないで変わった。あの手口に学んだらどうかね」と発言し、3日後に撤回した。2017年8月29日には、派閥研修会で「結果が大事だ。何百万人も殺しちゃったヒトラーは、いくら動機が正しくてもダメなんだ」と述べ、翌日にやはり発言を撤回している。

撤回した以上、失言を認めた形になっているが、本音だから繰り返すのだろう。

台湾有事に関連して「戦う覚悟」発言より前の2021年7月6日、副総理兼財務相として講演し、「台湾で大きな問題が起きると、間違いなく『存立危機事態』に関係してくると言ってもまったくおかしくない。日米で一緒に台湾を防衛しなければならない」と述べている。

この発言から浮かぶのは、安全保障政策の変質ぶりである。本来、日本は憲法の規定から国外で起きる戦争に参加できない。その一方、安倍政権で制定された安保法制は「密接な関係にある他国」に対する武力攻撃の発生が日本の存立を脅かす事態と見るならば、存立危機事態と認定し、攻撃を受けている他国を守るために海外で武力行使できるとした。

では、台湾は「密接な関係にある他国」だろうか。1972年の日中国交正常化にあたり、日中両政府が調印した共同声明の中で、日本政府は「台湾を中国領土の一部」と主張する中国の立場を「十分理解し、尊重」するとした。外務省のウェブサイトには「台湾との関係は

1972年の日中共同声明にある通りであり、非政府間の実務関係として維持されている」とあり、半世紀後の今も政府は台湾を国とは見ていない。

麻生が演説の中で台湾を独立国のようにみなし、「密接な関係にある他国」との前提に立って存立危機事態を主張したのは二重に間違っている。老獪な麻生のことだ、あえて言ったのかもしれない。

憲法にもとづく「専守防衛」とは、海外で武力行使をしないことはもちろん、たとえ自国が侵略された場合であっても「必要最小限度の実力」しか行使しないことをいう。その規範が第2次安倍政権で制定された安保法制によってちゃぶ台返しされた。法律が憲法を覆す「法の下克上」である。

麻生の台湾訪問は台湾側からの要請で実現し、滞在中に蔡英文総統、頼清徳副総統と会談した。2023年12月には萩生田光一・自民党政調会長、世耕弘成・自民党参院幹事長が相次いで訪台し、やはり蔡総統、頼副総統と会談している。

2024年1月に総統選挙を控え、蔡率いる民進党は米国とのパイプを強調する一方、日本の保守政治家や自衛隊OBを招いて盛んにシンポジウムを開き、日本との親密ぶりをアピールした。民進党やライバルの国民党、民衆党の候補者も来日して自民党の有力政治家と面会し、日本との距離の近さを競い合った。

台湾有事になれば、軍事力に劣る台湾が単独で中国に勝つのは難しい。米国を味方に付ける以外に方法はない。日本まで取り込むのは米国、日本、台湾が結束すれば、中国に対する強い抑止力になると考えるためで、特に日本に期待するのは台湾有事が勃発した際の米軍への基地使用許可である。

米軍が日本の基地を戦闘作戦行動に使用できなければ、出撃拠点を失い、米国は参戦を見送るかもしれない。そうなれば台湾はやすやすと中国によって統一される。だから日本を引き寄せることは死活的に重要なのだ。

中国側から見れば、米軍が日本から自由に出撃する状況を許したまま台湾を屈服させることは不可能に近い。中国軍は在日米軍基地や自衛隊基地ばかりでなく、飛行場や港湾といったインフラを攻撃せざるを得ず、日本は莫大なコストを払うことになる。

「台湾有事は日本有事」と言った安倍

「台湾有事は日本有事」と断定したのは安倍晋三元首相だった。2021年12月1日にあった台湾に関するシンポジウムで「尖閣諸島や与那国島は、台湾から離れていない。台湾有事は日本有事であり、日米同盟の有事でもある」と述べた。

現代の戦争では隣接する国で戦闘が起きても巻き込まれなかった例は珍しくない。安倍の言葉を正確に言い換えるならば、台湾に近い沖縄には米軍基地が集中している。米国が台湾有事に関われればその基地が攻撃されて日本有事に発展する、と言わなければならない。

基地が攻撃されなくても米軍の損耗を存立危機事態と認定して自衛隊が参戦すれば、反撃されてやはり日本有事になる。台湾有事が日本有事に発展するのは「米国が参戦する場合」であることがわかる。そして岸田政権が決めた「敵基地攻撃能力の保有」は自衛隊の攻撃力を高め、日本が参戦するハードルを下げた。

安保法制は海外派兵を可能にしたものの、「専守防衛」のタガがはめられたままの自衛隊に長射程のミサイルは一発もなく、保有できるのは防御的兵器に限定されていた。米国の戦争に参戦したとしても足手まといになりかねなかったが、敵基地攻撃の解禁により長射程のミサイル保有と運用を可能にした。攻撃的兵器を持つ米軍と足並みが揃うことになった。

「安倍政権の安保法制」と「岸田政権の敵基地攻撃」が重なって化学変化を起こし、もはや憲法9条は存在するだけの脱け殻に近いといえる。

運用面を見ると、自衛隊は長年にわたる専守防衛の制約から、攻めてくる敵を撃退する訓練しかしていない。攻撃は想定しておらず、他国のどこに基地があるのか正確な地点を知る術さえない。偵察衛星を導入したり、ヒューミントと呼ばれるスパイを養成したりするには巨額の費用と長い時間がかかる。

では、どのように攻撃を仕掛けるのか。

安保関連3文書のうち国家防衛戦略は「我が国の反撃能力については、情報収集を含め、日米共同でその能力を効果的に発揮する協力体制を構築する」とある。解決策は日米一体化だというのだ。3文書の示す方向にしたがって2024年4月の日米首脳会談で「指揮統制の連携強化」が決まり、7月の外務・防衛担当閣僚会合（2プラス2）で在日米軍司令部の機能を強化して「統合軍司令部」を置くことが決まった。

外征軍である米軍は高い情報収集力を持ち、自衛隊の情報不足を補うことができる。その性能を熟知する米軍からの命令で、米政府から大量に購入する巡航ミサイル「トマホーク」を自衛隊が発射する日がいずれ来るのかもしれない。

米国のシンクタンク「戦略国際問題研究所（CSIS）」は2023年1月、中国軍が2026年に台湾へ上陸作戦を実行すると想定した図上演習（シミュレーション）の報告書を公表した。報告書は、当然のように日本の基地からの出撃を前提にしている。もう一点、重要なのは米軍が中国本土を攻撃する場合であっても、その対象は飛行場や港湾といった一部の出撃拠点にとどまることだ。主な攻撃対象は主戦場となる台湾海峡の中国軍艦艇や飛来する航空機に限定され、その意味では「専守防衛」に近い戦い方をしている。

CSISは「核保有国の領土を攻撃すれば、核のエスカレーションを警戒しなければならない」とし、中国本土を攻撃できない場合の戦争計画も策定しておくべきだと勧告している。

ここで日本の現状を振り返ってみよう。岸田政権は敵基地攻撃を解禁した。攻撃能力を持てば、相手国がひるんで日本は安全になるというが、中国は軍事力に劣る自衛隊を恐れるだろうか。世界最強の米軍でさえ避けようとしている中国への攻撃に踏み切り、日本が無傷で済むはずがない。絶望的な「平和ボケ」である。

ＣＳＩＳの報告書が示唆しているのは、米中の戦争で両国が相手国の国土を攻撃することはほとんどなく、中国の目の前にある日本だけが壊滅的な被害を受けるという理不尽さである。

日本が米国に在日米軍基地からの出撃を認めないとすれば、どうだろうか。米国は参戦を見送り、中国は台湾を併合できるかもしれない。そうなれば日米安保条約は米国によって一方的に破棄されるか、日本防衛義務が形骸化され、日本は必要に迫られる形で異次元の軍事力増強に向かうだろう。

安保条約の破棄が嫌ならば、基地の自由使用を認め、日本全土が壊滅的打撃を受けることを了とするのか。まさに究極の選択である。

そこまで追い詰められることがないよう、日本は米中衝突を回避する方法を考えなければならない。政府はシェルター設置など南西諸島の要塞化を進め、住民避難の訓練を始めている。「自助努力」が好きな国柄だが、一人ひとりの努力で安全な避難などできるはずがない。台湾有事に備える努力ではなく、台湾有事を避ける努力にこそ力を注がなければならない。

非現実的な南西諸島からの住民避難

太平洋戦争が始まる前の1933年8月、桐生悠々は「関東防空大演習を嗤《わら》ふ」と題した社説を『信濃毎日』に書いた。その後の太平洋戦争が証明した通り、「防空演習には意味がない」という当たり前のことを指摘したにもかかわらず、軍部の怒りを買った桐生は退社に追い込まれた。

90年余が経過した現在、政府は台湾有事に備え、沖縄県の離島住民を九州に避難させる計画の策定を進める。2024年3月にはモデルケースに多良間島を選んだ。全島民を熊本県八代市へ避難させ、約1カ月滞在する。やがて島へ戻り、穏やかな毎日が復活する、そんな一方的な寓話である。

政府が全住民の避難を計画する宮古、石垣、竹富、与那国、多良間の5つの離島自治体のうち、住民が約1000人と最も少ない多良間村を選んだこと自体に作為を感じる。村が同年1月に実施した図上訓練では2日間で全島民を宮古島へ移動、さらに九州へ向かって「めでたし」となったところで政府から「協議したい」と声がかかった。

政府は2023年3月、沖縄県や5つの離島と合同で住民避難の図上訓練を行なった。観光客を含む約12万人を6日間で九州へ避難可能との結論を得て、九州・山口8県に受け入れの要請を始めた。

なぜ離島だけなのか。戦争になって最初に攻撃対象になるのは軍事施設である。在日米軍専用施設の7割が集中し、陸海空自衛隊がそろう沖縄本島こそが最も危険であり、まっ先に住民を退避させる必要があるはずだ。

ところが、政府が作成した「避難指示の措置（政府素案）の概要案」を見ると、沖縄本島は「屋内避難」にとどまっている。２０２３年３月の図上訓練を参照すると、沖縄本島を含めた１４６万人の県民全員を避難させるには73日間もかかることになる。切れ目なく押し寄せる人々を九州・山口８県で受け入れるのは極めて難しい。

そこで「起きてほしくないことは起きない」との前提に立ち、沖縄本島は比較的安全とみなすことにした、そう考えるほかない。そんな甘い見通しの先に避難先と指定された九州がある。政府素案は「安全が確保されると想定される地域」と決めつけているが、現代戦はミサイルの撃ち合いから始まる。地理的に離れているだけでは安全を保障する材料にならない。政府素案は台湾から離れるほど安全との建て付けになっているが、ご都合主義とはこのことだろう。

政府は、一時的な避難先として宮古、石垣、竹富、与那国、多良間の５つの離島へのシェルター設置も決めた。２週間程度、滞在できる施設とする。利用するのは「避難誘導に従事する行政職員および避難に遅れる住民など」と定めた。あくまで「島外避難」が大前提なのだ。

政府素案で「島外避難」とされた宮古島市の国民保護計画を見ると、島外避難に必要な航空機は３８１機、石垣市の同計画は４３５機である。合計すれば８１６機となるが、これは日本の航空会社が保有する航空機数を超える。同じ機体で何往復もすると仮定しても、余剰機が少ないのが日本の航空会社の特徴である。また国内外で運航している定期便を取りやめ、住民避難に回すよう求めることなどできるはずがない。

台湾から111キロメートルしか離れていない与那国島で、集落ごとに町が主催する住民避難の説明会があった。祖納、久部良に続き、最後となった比川の説明会は2023年10月に行なわれた。参加した約30人の住民から「計画通りにいくのか」「島に残りたい」と不安と不満の意見が続出した。

「家を捨て、畑も捨て、墓も捨てて島を出るには納得が必要だ。それがまったくない」「私は避難しない。島に残る」「そもそも日本は戦争ができる国なのか。なぜ与那国の人が島を出て行かないといけないのか。俺は行かない」

石垣市議会では2023年3月、「国民保護計画等有事に関する調査特別委員会」が会合を開き、市議の一人は「石垣市には農業者が多い。牛やヤギを飼っている人が農場を捨てて避難するのか」と質問した。温暖な気候の石垣市は和牛の一大生産地として知られ、「松阪」のような有名産地に素牛《もとうし》として出荷している。同市によると、飼育されているのは約2万4000頭。住民が避難した後、エサは誰がやるのか。福島第一原発の事故後、一部で見られたように餓死させるしかないのか。市の担当者は「今のところ、補償は確立されていない」と回答した。

政府の避難計画にどれほどの現実味があるのか。離島住民に覚悟を迫り、反発を招く以外に何の意味があるのか。繰り出すべきは小手先の技ではなく、人々の安全安心を確実にするためのまともな外交に取り組むことである。

相互理解と信頼醸成の旗振り役に

着飾った王様が実は裸であることを私たちは知っている。苦しい生活を余儀なくされる国民が増え続ける一方で、国から毎年3000万円を超える支給を受ける国会議員のうち、派閥からキックバックされた裏金をため込み、説明責任を果たさない自民党議員がいることも知っている。2024年10月の衆院解散・選挙を経て当選した議員は「みそぎ」が済んで、クリーンな政治家に変身したのか。そんなはずはない。法律やルールを守らない議員が国会に戻り、憲法改正を声高に叫ぶ。正気だろうか。

戦場へ行くことのない政治家が強面で戦争をあおり、国民に犠牲を強いる姿は、戦前・戦中の日本と変わりない。二度と戦争はしないとの誓いは戦争を経験した多くの日本人の願いであり、誇りでもあった。当たり前に正直で、当たり前に隣国と対話ができる、まともな政治を期待するのは、ないものねだりだろうか。

戦争を避ける手段は他国との話し合いしかない。軍事力を強めれば相手がひるんで安全になるという抑止力強化の一本足打法は、相手がひるまなかった場合にどうなるのか、その答えを用意していない。米国に追従すれば中国を抑え込めるというなら、米国が過去に誤った戦争を何度も繰り返した事実をどう説明するのか。イラク戦争は米国のウソから始まり、自衛隊をイラクの戦地へ派遣した日本は戦死者が出ることも想定した綱渡りを演じた。

その教訓を生かすことなく、米国の追従者、軍事力の信奉者であり続けるのは愚かというほかない。中国を最大の競争相手とする米国でさえ、政府や軍の各級レベルで中国と重層的な対話を続けている。その米国にはしごを外される事態を想定して、日本は自らの立ち位置を決めなければならない。

現にトランプ大統領の再登板により、日米関係は見通せなくなった。1期目は経験不足だったトランプのブレーキ役になった共和党重鎮や元軍高官は2期目のトランプ政権にはいない。「米国第一」を掲げ、国内産業の育成を理由に他国に法外な関税をかければ、報復関税の嵐となって米国の不利益を招く結果になりかねないが、憲法の規定で3期目はないのでやりたい放題にやるのだろう。

トランプは米紙のインタビューで「中国が台湾に侵攻すれば、中国に150〜200%の関税を課すつもりだ」と述べた。自国の安全に関わる台湾侵攻への対抗策として追加関税で済むとは到底、考えられない。

トランプ政権下の米軍にまともな将官が残っていれば、米軍の関与を進言するのは間違いない。その場合、日本は在日米軍基地を出撃基地として認めるのか、米国との間で議論をしておく必要がある。また同様に米軍基地を持つ韓国はどう考えているのか、すり合わせが欠かせない。米国にも中国にも一方づきたくないと考えている東南アジア諸国連合（ＡＳＥＡＮ）との連携も必要になる。

幸い、ASEAN10カ国に、日本、中国、韓国、オーストラリア、ニュージーランド、インド、米国、ロシアの8カ国を加えて構成される「東アジア首脳会議（EAS）」が毎年、各国首脳を集めて開催されている。この枠組みを最大限に活用するべきだろう。

ロシアのウクライナ侵攻後、NATOの会合に日本、韓国が参加するようになった。NATOは一時、東京事務所の開設を計画した。世界第1位と第2位の軍事大国である米国と中国の対立は欧州にとって「対岸の火事」と座視するわけにはいかないからだ。だとすれば、ASEANの会合に欧州連合（EU）や英国を招くよう、日本からASEAN諸国に提言してはどうだろうか。

一度、戦端が開かれると、戦いを終わらせるのは容易ではない。それはウクライナ戦争やイスラエルによるガザ地区攻撃が証明している。戦争は互いに軍事力を強化し合うことでは止められない。むしろ不測の事態を呼び込む原因になる。外交という話し合いによって相互理解を深め、信頼を醸成することで初めて戦争は回避できる。その旗振り役を務めることこそが、平和国家、日本の果たすべき役割ではないだろうか。

おわりに

この本を書くきっかけは、名古屋高裁でイラク空輸訴訟の違憲判決を出し、現在は弁護士になっている青山邦夫さんと２０２４年1月、名古屋で久しぶりにお会いしたことだ。全国の弁護士が集まる勉強会だった。

知り合ったのは２０１７年10月、寒さがしみる札幌だった。南スーダンの国連平和維持活動（ＰＫＯ）への自衛隊派遣差し止めを求めた訴訟の口頭弁論が札幌地裁であり、青山さんは原告弁護団の一員になっていた。現職自衛官の子どもを持つ原告の母親を取材するとともに、元裁判長の青山さんがどのような思いで弁護団にいるのか、聞きたかった。

閉廷後の報告会が終わり、青山さんに憲法をめぐる政治の動向について尋ねると「なし崩しが一番いけない。その意味で日本の戦後は、憲法をなし崩しにしてきた。法律家として見過ごすわけにはいかない」と明快に話した。

名古屋の勉強会が終わり、打ち上げの席で甘辛い手羽先を食べながら、青山さんと親しく話す時間があった。東京へ帰る新幹線の中で、「なぜ違憲判決を出したのか聞く機会は今しかない。ダメもとでいいからインタビューをお願いしよう」と決めた。

名古屋の勉強会を主催していたのは本書に登場する川口創さんだ。イラク空輸訴訟の弁護団事務局長を務め、膨大な量の新聞記事を証拠として提出し、違憲判決に導いた敏腕弁護士だ。ウェブメディアの「マガジン9」で2013年2月に対談したのが知り合うきっかけだったように思う。その後、対談本『徹底議論！半田滋×川口創　集団的自衛権で日本を滅ぼしてもいいのか』（合同出版）も出した。しばしば連絡を取り合う友人であり、インタビューはお願いしやすかった。

一番古くから知っているのは内閣副官房長官補を務めた柳澤協二さんだ。筆者が東京新聞社会部の記者として防衛記者会（防衛庁・防衛省の記者クラブ）に配置された1991年当時、気鋭の広報課長だった。記者教育と称して配られたB4判2枚の紙のうち1枚に日本の防衛政策が書かれていた。もう1枚は取材対象となる防衛官僚の「柳澤評」だ。歯に衣着せることなく、先輩官僚を批評した。その後、筆者は防衛省担当を30年も務めることになるが、このような記者教育をした広報課長は後にも先にも柳澤さんだけだ。

官房長を最後に防衛省退官後、内閣副官房長官補となり、自衛隊イラク派遣の官邸における舵取り役になった。官僚生活を終えた柳澤さんはNPO法人「国際地政学研究所」を立ち上げて理事長に就任、また「自衛隊を活かす会」の呼びかけ人となり、自衛隊の平和的な活用について情報発信を続けている。

退官後の柳澤さんとはNPO法人「新外交イニシアティブ」の検討会に共に参加し、親しくおつきあいさせていただいている。あらためてインタビューをお願いし、率直にイラク派遣当時のこと、現在の政治情勢のことについて、話を聞くことができた。

この書籍のための取材を開始した時点の首相は岸田文雄氏だったが、執筆が終わる前に石破茂氏に替わっていた。防衛庁長官を務めた後、省昇格後の防衛相に就任し、独特の語り口で自説を開陳するのを何度も聞いた。

大のプラモデルマニアで、大臣室には自作の戦闘機や旧日本海軍の軍艦が飾ってあった。夏休みを利用して小学生のマメ記者たちが大臣室に招かれた様子を取材していると、背後から「だめーッ！」という石破氏の大声が響いた。振り返ると子どもがプラモデルに触ろうとしていた。「大人げない」といえばそれまでだが、飾り気のない人柄は記者たちに好感を持たれていたと思う。

こんなことがあった。イージス護衛艦「あたご」と漁船「清徳丸」の衝突事故で、石破氏は「あたご」の航海長をヘリコプターで防衛省に移送させ、大臣室で事情聴取を行なった。防衛相は佐官以上の隊員に対する懲戒権者にあたる。航海長は懲戒権者といきなり直接向かい合う状況に置かれた。石破氏の勇み足だった。自民党国防部会では石破氏が自ら聴取した結果を説明し、あとあとまで防衛省はこの説明に引っ張られた。起訴された航海長ら幹部2人は裁判で無罪となった。

理詰めで物事を考え、じっくり結論を出す慎重な性格の一方で、「あたご」の事故では冷静さを失い、うろたえる姿を見せた。「党内野党」といわれて理想を語る姿は世論調査で支持されたが、首相になった途端に自説を棚上げして失望を招いた。念願の首相となり、古い自民党の論理に絡め捕られていくならば、不本意だろうし、無念なことだろう。

見逃せないのは、名古屋高裁の意見判決を「ないこと」にして始まった安倍政治を継承する流れとなったことだ。石破氏が真に田中角栄元首相の信奉者であるならば、田中氏の言葉をかみしめてほしい。

「戦争を知っているやつが世の中の中心である限り、日本は安全だ。戦争を知らないやつが出てきて、日本の中核になった時、怖いなあ」

安倍政治は、戦争を知らない世代が築き上げた砂上の楼閣だ。しかし、戦争で人々が亡くなり、すべてが破壊されるのは現実である。多額の無駄遣いを含む巨額の防衛費を積み上げ、その原資を国民負担の増税で支えると決めたのは、安倍政治に連なる歴代政権である。豊かな想像力を持ち、国民に寄り添う、責任感のある政治家が政権に就く日は、永遠に来ないのだろうか。

Intervieu

インタビュー

川口 創さん
（イラク空輸訴訟弁護団事務局長、弁護士）

柳澤協二さん
（元内閣官房副長官補、NPO 法人『国際地政学研究所』理事長）

青山邦夫さん
（元名古屋高裁裁判長、弁護士）

川口《かわぐち》　創《はじめ》さん

（イラク空輸訴訟弁護団事務局長、弁護士）

――航空自衛隊によるイラク空輸活動は、陸上自衛隊が撤退した後、米兵空輸に変わりました。ただ、その実態について政府が明らかにせず、派遣差し止めを求めるのはたいへん困難だったと思います。裁判に臨むことを決め、弁護団を編成した当時のお考えを聞かせてください。

時系列の整理をすると、２００３年３月20日にイラク戦争が始まり、５月２日にアメリカの勝利宣言。自衛隊をイラクに派遣するイラク特別措置法が７月にできた。主軸は陸上自衛隊でイラクに行くことになった。活動地域については、日本の憲法の制約から非戦闘地域となりましたが、アメリカに従属する形で、実態としては軍隊である自衛隊を出せば、イラクの市民に対する加害者になりかねないという声も強くあり、当時は反対デモもかなりありました。

　愛知県には航空自衛隊の拠点である航空自衛隊小牧基地があり、C130輸送機と隊員が小牧基地から派遣されることになった。2003年末には小牧基地を囲んで「自衛隊を送るな」という人間の鎖がつくられた。イラク戦争は、「フセイン政権が大量破壊兵器を隠し持っている」という米国の不十分な情報から始まり、子どもも含めた多くの市民が犠牲になっていた。時間の経過とともに泥沼化しつつあったイラクに自衛隊を出すのはどうか。私の中には、イラク市民に対する関係で「加害者」になりたくないという思いがあった。イラクは多くの貧困の国と同様、人口の半数は未成年、子どもが多い。子どもたちを含めた多くの市民を犠牲にしたくない、その加害者の立場に立ちたくない、という思いがありました。

　私は当時、弁護士2年目でしたけれども、裁判をやっても勝てる可能性はないだろうということくらいはわかっていました。当然、自衛隊の海外派遣の違憲性を認められる判決など、歴史上一度も出たことはない。自衛隊について憲法9条違反とした判決は、福島（重雄裁判長）さんの（長沼ナイキ訴訟）地裁判決しかないこともわかっていました。それも、控訴審で否定され、確定はしていない。周りの弁護士に相談をしたところ、「やめとけ」とみんなから言われました。特に平和の問題、憲法の問題、イラクの問題について、真剣に考える弁護士ほど、裁判を起こすのは反対でした。裁判がすぐに負けてしまうことで、運動の足を引っ張ることになる、と言われました。裁判所が当てにならないことは、弁護士共通の認識でしたから、大事なのは運動で、自衛隊を派兵させない、あるいは撤退させる。国民の運動、声の力でやるしかないんだと言われました。その後、裁判の中心になった中谷（雄二弁護士）

先生にも厳しく批判されました。最初から多くの弁護士が「じゃあやろうか」と簡単に集まったわけではありませんでした。

市民がデモを続ける中、2003年12月ごろには航空自衛隊が派遣されるという状況となり、市民の中にも落胆の声が広がっていきました。運動を継続するために裁判を一つの軸とする方法があり得るのではないか。裁判と運動を両輪としてやっていくことができるのではないか、と考えました。裁判で勝てるとは思っていませんでした。法廷を一つの軸にしていくけれど、重要なのは、やっぱり世論です。既成事実化が進むことによって、反対の声が鎮静化していくのはよくある。裁判をやるだけでは力にはならない。市民運動ときちんとリンクしていく必要がある。市民運動が停滞していくのを、むしろ裁判で支えていくということになると思い、多くの弁護士に声をかけてきました。

最初、憲法運動をずっと頑張ってこられたベテランの郷成文《ごうしげふみ》弁護士（故人）に電話した時は、「勝てる見込みもあるのか」と聞かれたから「いや、ありません」と答えたら罵倒されて。「勝てる見込みもないのに裁判やるなんて」というので「でも裁判をやって声を上げていくことで運動の力にしていくのはあるんじゃないですか」と伝えました。「法廷という場で国と論争し、事実をきちんと明らかにしていく。論戦の舞台をつくり、継続的にイラク問題についてコミットし、情報を常に国民に発信していく。そしてまた国民の声を法廷を通して国に対してぶつけていくということもできる。国に直接対峙できる唯一のチャンネルではないですか。そういう法廷の使い方があるんじゃないですか、法廷を活用して運動に力を入れていくということで頑張りたい」という話をした。最終的には100人の弁護団が結成されました。

若手の私たちだけだったら無理だったと思います。弁護士会の重鎮であった内河惠一弁護士など良識的で弁護士会にも信頼が厚い先生方が「よしやろう」と言ってくださり、優秀な中谷弁護士なども、「本気で闘うならば、俺も本気で闘う」と言ってくれて、弁護団の中心に座ってくれたことが大きかった。とはいえ、弁護団の人数こそ100人でも、実動は10人もいなかったのですが、それで本気でやる闘いをちゃんと組めると思ったので、突き進んでいった。

——この裁判では3000人を超える市民が原告となりました。これほどの原告団の編成はたいへん珍しく、また困難があったことと思います。多くの原告を集めることにした理由、また裁判の推移についての説明のあり方について教えてください。3000人を超える原告はどうやって集めたのですか。

弁護団の形成も簡単ではありませんでしたが、原告をどうやって集めるのかは、工夫が必要でした。結果的に3000人を超えましたが、これは構成としては愛知県が過半数いっていません。1500人以上は愛知県外です。全都道府県から、海外も含めてですけども、原告になりたいという委任状が届きました。

2004年の年始早々、100人の弁護団が編成されました。同時に1月の年始に裁判を起こすと決めて動き始めたので、年明け早々にホームページをつくりました。こういう訴えをしていきますと趣旨を伝え、1月末には、弁護団の名前が書かれた委任状をホームページ上にアップし、全国どこからでも、世界どこからでもダウンロードができるようにしました。加えて訴訟活動のために、年会費3000円としました。本当は5000円とか1万円にしたかったんですけど、原告の人たちと話をした時に5000円はちょっとね、って言われて。弁護士依頼するのに3000円ってどうかと思いましたが、裁判に加わるハードルを下げるために決めました。

訴状がある程度できていないと話にならないので、年明け早々、数人で訴状を一生懸命書いたのです。訴状はたいてい「である」調ですが、大上段から構える感じとなってしまい、しっくりこない。そこで、「ですます調」でつくろうということにしました。市民のみなさんが、自分たちの訴状だと思えないといけないし、小難しい政治論や憲法論を大展開しても、裁判所は動かない。そこで、イラクの現実から丹念に書き始めました。イラクの現実、アメリカ軍が攻め込んで、たくさんの人が、子どもたちが亡くなっている、自衛隊が加担して加害者になっていいのか、私は耐えられないという内容を「ですます」で書いて、憲法9条の話は最後に書くと、平和的生存権の話は最後に書くと決めて、訴状をつくりました。憲法9条や平和的生存権の話は最後のほうに締めとして書く程度にして、訴状が完成したのが、2月中旬くらい。

ベテランの弁護士からは「ですます調」では書きにくいという話もあったけれども、とりあえず書きましょうと言って、若い弁護士（川口氏ともう一人）でつくり、ベテランの先生にも協力いただいてみんなでつくり上げたわけです。結果的にはその訴状が「私たちの訴状」と言われるようになって、訴状を通して勉強会もできた。「自分たちはこの思いでやっている」という共有できるツールができたのは大きい。1月末から委任状と、原告になりますという申し込みのファックスが毎日たくさん届き、2月23日、1000人を超える原告と共に、名古屋地方裁判所に提訴をしたのです。

提訴をした時のキャッチコピーは「私は強いられたくない。加害者としての立場を」です。これがイラク訴訟のわれわれ弁護団、原告団の最後まで共通した柱でした。私たちはイラクの市民に対して、支援をしたいとは思っても、加害者になったり、殺したりしたいとはまったく思っていない。アメリカ兵は「テロとの戦い」として市民も無差別に殺していた。軍隊と軍隊との戦いではなくて、多くの市民を犠牲にする戦争ですね。本当にそれは法的に戦争と言えるのか、ただの虐殺ではないのかと今でも思います。今行なわれているパレスチナに対する、ガザ地区に対するイスラエルの攻撃もそうです。当時のイラクに自衛隊を送っているのは私たちですから。加害者としての立場を強いられるので、それを強いられたくないというのがキャッチコピーで、提訴した時に垂れ幕もつくりました。若い人たちもたくさん参加してくれましたが、それは訴状がわかりやすかったこと、キャッチフレーズもわかりやすかったこと、ホームページも活用したことですね。

あとは週刊金曜日とかいろんな媒体で原告募集を載せていただいた。そういう意味では老若男女問わず、いろんな媒体を通じて原告になりたいという申し出があった。最終的には第7次提訴まで行きました。最終的に3268人になった。第7次提訴は1人でしたけどね。

――第7次提訴はいつですか？

だいぶ後ですね。名古屋地裁で敗訴した後です。たった一人の女性が原告となりました。その方は、小さい頃、名古屋空襲を経験されていて、彼女がおんぶしていた弟が自分の背中で焼け死んだ経験をお持ちでした。ですから、イラクの空爆の映像を見、その空爆の音を聞くと、空襲の時の映像や空襲警報などの音がよみがえって、「あの時、自分の弟を死なせてしまったのは自分だ」といたたまれなくなる。彼女は、日本人のお母さんと韓国・朝鮮人のお父さんとの間に生まれた方でした。先の大戦で加害の国・日本と被害の国・韓国朝鮮の間に私は生まれている。その加害と被害を統合したのが憲法9条です、と。二度と加害者にならないという母の国の憲法があることで、父からの血と母からの血を自分の中で結合することができている。そのことによって私の人格が保たれていますと法廷で訴えられました。しかも彼女は、裁判の間に北朝鮮にも行っている。北朝鮮脅威論があるのでイラク戦争に自衛隊を出している。そのためにアメリカに従わなくちゃいけないと言うけれど、北朝鮮にだって普通の市民がたくさん住んでいるんです。その事実を私は見てきましたと証言するのです。その北朝鮮の市民に対する関係においても加害者になりたくはありません。イラクの市民に対しても加害者になってはいけないと訴えられた。この原告一人に焦点を当てたことによって第7次訴訟はリアルに訴えて、そこで実は平和的生存権は具体的権利だと初めて判決をもらっています。

――一審でも出ているのですか？

一審で出ています。名古屋には10部の民事の裁判体があるのですが、完敗した地裁の部とは別の部で審議されました。

――平和的生存権を訴えたのは第7次だけですか、それとも全部?

全部です。第1次から第7次まで、平和的生存権は具体的な権利だと訴えましたが、原告を一人に絞ったことによってわかりやすくなった。第1次から5次までは同じ3人の裁判官。6次で全員が変わり、7次でも6次とは変わった。第7次も派遣差し止めなどの結論は負けて、憲法違反には踏み込みませんでしたが、平和的生存権は具体的権利だと認定された。そこがあって名古屋高裁の判決につながっている。いきなり名古屋高裁が平和的生存権を認めたわけではないんです。そういう意味ではいろんな合わせ技があってのこと。たくさんの原告でやることの力もあるし、一人に光を当てたことによって発揮される力もある。

結果的に多くの人たちに参加していただきました。自分たちの裁判として闘った。しかも全都道府県から参加いただき、例えば高知県からは50人以上の人が参加してくれました。団体ではありません。みんな思い思いに参加しているので、組織として参加しているわけじゃない。これは裁判を起こす時に私のほうで原告になる際に条件をつけたのです。まず団体としての参加を禁止しました。平和委員会としての参加とか、日本共産党や社民党としての参加、というように、団体として参加する、あるいは団体としてまとめて参加する、ということは禁止しました。「一個人の立場で参加してください」と徹頭徹尾。裁判の支援を行なう「訴訟の会」を原告の人たち中心につくってもらいましたけど、原告じゃなくてもいいとしました。自己紹介も、なるべく団体の名前でなく、個人としての自己紹介をお願いしました。

いろんな人が参加している。属性については、運動体を抱えて参加しているわけではない。市民が一人ひとり、平等にこの問題について考えて、議論して、あらためて運動をつくっていく場にしましょう、とお願いしました。３０００人みんな等しく大切な原告です。有名人訴訟をしたがる人がいましたけど、有名人を前面に出すのもやめました。誰々が原告になっている、その有名人の裁判にしてはいけない。結果的には、いろいろな著名人が参加したのですが、有名人がドーンと前に出る裁判にしてはいけないと思っていたので、３２６８人、みんなの裁判、等しくみんな原告というのでやらないといけない。先ほど話した高知は毎回、法廷に一人は送り出されてきていました。誰が原告かは、私しか把握していなかった。私のほうから原告全員に手紙を出して「高知の会をつくって裁判の支援をしたいという人たちがいるので、よかったら集まってください」と言って、「いいよ」という人たちで高知の会が結成されて、毎回の法廷ごとに高知の会から一人は名古屋高裁まで来ていました。法廷を見てもらい、次の法廷までの間に勉強会を開く。法廷の報告会と勉強会に名古屋から弁護士が高知に行く。高知と名古屋が交流をすることで地域の原告や地域の平和運動、裁判運動を裁判の軸にしながら広げていきました。各自、各地でやる裁判というのを実践していたんですね。今でも高知の人とは仲良くて、今年も呼ばれて行ってきました。

――名古屋高裁イラク空輸訴訟の弁護団事務局長を務め、画期的な違憲判決を引き出しました。この裁判ではイラクという日本から離れた戦地における航空自衛隊による空輸活動の違憲・違法性の立証はたいへん難しいものだったと思料します。弁護側からは大量の新聞記事が証拠として提出されています。

こうした法廷戦術を選択するまでの弁護団の議論を教えてください。同時に正面から憲法違反を問うことにしたのはなぜですか。

事実を法に当てはめて判断する。しっかり事実を伝え、法律である憲法に当てはめてそれに違反している、つまり、憲法違反である、ということは、裁判の本質なので、正面から憲法違反を問うのは当たり前ですとしか答えようがないです。

——ということは、イラク特措法が憲法違反なのか、それとも特措法にもとづいて行なう自衛隊の活動で違法違憲性が出てくるのではないかと?

違憲判決を勝ち取るとしたら、裁判所が出しやすいのは、「法律の違憲性（法令違憲のこと）」ではなくて、法律にもとづいた事実行為としての「活動の違憲性（適用違憲のこと）」だろうというのは、それは弁護士である以上わかっていました。着地点はそこだろうと。ただ、自衛隊はそもそも武力行使目的での海外派兵は禁止されていて、そもそも憲法違反である。イラク特措法も法令違憲だし、最終的に事実行為は適用違憲だ、と3段階の主張をしています。最終的には3段階目で勝つのを狙っていましたけど、3段階目だけで攻めていたら勝てない。大上段から主張していくことによって、「最終的にはこれくらいはね」という裁判官の感覚を勝ち取る。「ここまでは言えないけど、これくらいは」というのを課すためには強めの主張から言っておかないといけない。

――違憲判決を引き出すまでの法廷戦術として、そこはどうですか。

この裁判は一審で2年あって、高裁で2年かかっています。この手の裁判としては決して長くない。地裁の2年のうち、前半の1年は1回の法廷につき、午後1時半から4時までやっていました。原告の人たちが200人以上来ていた。傍聴人ではなく、原告なので法廷に全員入れてほしいと主張しました。裁判官と協議した結果、前半、後半で入れ替えをすることになり、時間もたっぷり取ることにして、意見陳述も毎回4人やっていました。法廷も学習の場であると考えていたので、法廷では弁護団からもイラクの状況とか、国際法違反とか、憲法違反とか、いろんな面から裁判書に出した書面の要約を話した。法廷に参加された原告のみなさんには、法廷で共有したことを各地に持ち帰ってもらい、各地、各地で伝え広げてもらう必要がある。法廷で裁判官に訴えながら、市民にも訴える。わかりやすくちゃんと伝えることを意識しました。

――証拠としていろいろ資料を出していますね？

たくさん出しています。山ほど出しています。

――山ほど？　ただ、国側が開示した資料って多くないでしょう？

私たちから出しているのは新聞報道もそうだし、一つは原告のみなさんに陳述書を書いてもらいました。１人３枚と限定してフォーマットも決めて３０００人分、書いてもらっています。他にも憲法の論点とか国際法の論点とか、資料はたくさん出しています。

――裁判所のほうも読むのは大変ですね。

判決文を起案する人はよく読み込んでいると思います。起案は一番若い左陪席が書いている。

――ただ、新聞記事の信憑性ってあるじゃないですか。現地情勢の記事です。裁判所がその新聞記事を証拠たり得ると理解してくれるか、確信は持てなかったのでは?

情報として出した大きな軸は新聞記事です。ものすごくたくさん出しています。田巻紘子弁護士が中心となって、本当に丹念に事実関係を追い、毎回ものすごく説得的な書面がつくられていました。この事実を積み重ねていく力がこの裁判では本当に大きかったと思っています。

――新聞記事を探したのですか?　田巻さんはその担当者ですか?

弁護団は実動10人もいない、もっと言うと5人くらいしかいないので、イラクでの事実に関する新聞報道を丹念に読み込むのは、田巻さんが一所懸命やってくれました。週末になると地元の図書館に行っていろんな新聞をメモしてくる。原告のみなさんが、新聞ごとに分担をして、切り抜きをしてくれたのもたいへん助かりました。書面にしていくにあたっては、ただ何人、死にました、というだけではなく、その背景を示すことが重要です。イラクの状況やアメリカの掃討作戦はこうなっている、という全体の構造をちゃんと理解して書かないといけない。

——一つの記事、それを説明する記事というと次々に出てくる。膨大な量の記事が必要になりますね。

もちろんそうです。アメリカ軍と武装勢力が戦っていたファルージャという地域がありますね。そこで何が起きているのか、ベタ記事には書いてある。それを組み立てて、10人死んだ、20人死んだ、というだけでなく、そこに人生があり、憤りと悲しみがあふれていることが伝わる書面にしなければいけない。その中でもその人がなぜ死んだのか伝えられるエピソードを盛り込んだ書面にしていかないといけない。

——現地に誰か行っているわけではないから、裁判所に証拠として出すのは新聞記事しかなかった。

この裁判は、名古屋のほかにも北海道や仙台など、全国各地で起こされていました。そこで、全国弁護団を結成し、交流し合う関係をつくっていました。その中で、北海道の佐藤博文弁護士や大阪の辻公雄弁護士らと共に、7人の弁護士でイラクの隣国ヨルダンへも視察に行っています。陸上自衛隊が派遣されていたイラク南部のサマワから逃げてきた人から話を聞いて、現地の状況や13ある部族のことを聞いています。それは週刊誌には載りましたが、裁判所の事実認定にはまったく入っていない。弁護団の報告はゼロです。ただ、われわれは一生懸命やっているという気持ちを伝えることになったかとは思う。

違憲と判断されたのは陸上自衛隊が撤退した後の航空自衛隊の輸送活動なのです。現地に行っても航空自衛隊の活動はまったくわからない。空輸の実態が見えない中で、きちんと分析をして、積み上げて重要な記事を中日新聞が出してくれた。空自が多国籍軍の兵士1万人以上を空輸している、というスクープ記事です。この記事は非常に大きな価値がありました。この情報はわれわれでは入手できない。記者たちが相当足を運んで情報を収集して、きちんと詰めて書いている。これらの記事について、防衛省からの批判はなかったと言われていました。

——なかった。全然ありませんでした。

後に情報が開示されたのでわかったことですが、少なくとも記事になった時点で実際には米兵2万人は運んでいた。この時点で1万人というところまでたどり着いたこと自体、すごいことです。

——あの記事を書くのに何回も私は名古屋本社まで来ました。東京の情報はこういう感じと伝え、詳細に詰めて記事にしたということです。

裁判所は、新聞報道への信用が極めて強いと思います。きちんと情報を精査して世に出していると認識しています。

——これは政府が隠していた話だから、記事にするには、こちらも慎重にならないといけない。念には念を入れるための検討を何回もやっていて、やっと出したのがこの記事です。

その重みはわかります。裁判所は、だからこそきちっと認定したのだと思います。

——ただ一方で、被告の国側はどういう反応していたのですか？

私たちの主張に対しては、一切、事実関係は認否しないと言って、反論も何もしませんでした。

——そうすると原告が一方的に書証として出します、となる。当然、国側も見ますね。何も言わないのですか？

何もないです。とにかく、この裁判は「訴えの利益がない」のだから、早く結審しろ、としか言わない。

「平和的生存権は具体的権利じゃない、訴えの利益はないのだから実態審議をする必要はない。実態審議する必要性のない裁判に何年も使うべきではない。だから結審してください」と毎回、言ってきました。言っていたのはそれだけです。それに対して、こちらも国の姿勢に対する批判を毎回、しています。

——何と批判したんですか。

弁護団としては「こちらは事実関係についてきちっと証拠にもとづいて主張している。平和的生存権が具体的な権利ではないかどうかは最終的に裁判官が判断することであって、法廷が開かれている以上、事実関係について認否をする義務があるでしょう、きちんと認否しなさい」と言ってきました。「私たちは事実関係を示した上でそれが憲法違反だと指摘しているのだから、それに対して国が問題ない、だから自衛隊を派遣しているというなら、この法廷の場で堂々と主張しなさい」と詰めましたが、何の反論もない。裁判官は私がひとしきり国側に抗議した後に「川口先生それくらいでいいじゃないですか」、みたいな、ははは（苦笑）」

——ということは、国は憲法解釈の入り口で平和的生存権なんか具体的な権利としてないのだから訴えること自体に意味がないと。

裁判所が門前払いをしてくれると思っている。味方だと思っていますから。とりあえず仕事として法廷に来ているので付き合うけど、どうせ国は負けないんで、「訴えの利益なし」でどうせ勝てちゃうから、っていう。実際、同様の裁判ではそれで負け続けてきたわけですから。裁判官が国の対応を許してきたことが大きい。結局、その通りの判決書いているわけですから、どこでもずーっと。

——認否とは、例えばこのイラク空輸でたくさんの書証を出しているけど、何にも言わない？　イエスもノーも言わない？

言わない。

——人間としてつらくないのでしょうかね。

立証しようとしても争点にならないんです、させようとしない。

——争点はつくらないんですね。

つくらない。認否の要なし、で終わり。

——判決当時、私（半田）は東京新聞の防衛省担当編集委員をしていて、判決にはたいへん驚きました。判決に至るまで、名古屋高等裁判所民事第3部（青山邦夫裁判長、坪井宣幸裁判官、上杉英司裁判官）から違憲判決が出そうだとの感触があったのでしょうか。

ありました。僕にはありました。

——なんでわかったのですか？

名古屋高裁の裁判官たちはこの裁判に真摯に向き合ってくれた、ということがあります。一審の名古屋地裁では、1年間は法廷がちゃんと開かれていましたが、裁判長が交代した後の1年はめちゃくちゃな裁判長が送り込まれて、法廷で裁判長と弁護団との喧嘩になったんですよ。その結果、闘う弁護団になった。相手は国ではなくてまず裁判長なんです。

——どこがめちゃくちゃだったのですか？

審議の時間をとにかく短くさせられる。意見陳述は認めませんと言ってくる。弁護団の意見陳述の時間も制限する。私たちには、準備書面を朗読する権利があるのだから、読ませてもらいますと言って読み出すと、聞かない。露骨に聞いていないという態度に出る。下向いてずっと貧乏ゆすりしているんです。すさまじいです。裁判長が変わって、その人が裁判長になった時にいきなり「進行協議をしたい」と言ってきたんです。新米の弁護士だったけど、直感は働く。この誘いに乗ったらまずい、と思いました。要は原告と弁護団を分離する狙いなんですよ。弁護団を密室に誘い込み、そこで次回までに主張を全部終えろと言ってくる可能性が高い。評判の悪い裁判官だってことは知っていましたから。進行協議の話に乗ったら裁判長からこうしなさい、ああしなさいと言われて、持ち帰らざるを得なくなって一気に負けていくな、と思ったので。私は断ったんです。平場でやりましょうと。

――目に見えるところで?

原告の人たちはたくさんいるのだから、公開法廷で今後の進行についてもきちんと議論しましょうと。進行協議を蹴ったのは弁護団事務局長、川口弁護士の最大の功績だったと思います。そこでもし弁護団が密室に引きずり込まれ、弁護団と原告が分離させられていたら、われわれは原告たちから信用を失って、裁判は闘えなかったと思います。公開された法廷でみんなで闘っていくという方針を一気につかみ取った。原告と弁護団が結束して法廷で裁判所に対して対峙していく。私が抗議する時にみんなも応援する。結束して裁判に向き合う。この方針を貫いたことは大きかったと思います。

裁判長の訴訟指揮のひどさに対して、原告の人たちがほぼ毎日裁判所の前でチラシを配り始めました。表面は裁判長の訴訟指揮の問題を書いて、裏面にはひどいイラクの実態を書いた。私たちは憲法9条を守りたいと主張しているのではなく、イラクの市民を殺す側に立ちたくない、という思いでやっている、耳を傾けてくださいと。そのチラシを毎日500枚、裁判所前で配りました。裁判所の職員は500人いなかったと思いますが、裁判所に来る人たちも受け取るので毎朝500枚がはける。それを何カ月かずっとやった。すると裁判所の人もみんなイラク空輸訴訟のことを知ることになる。おそらく、その後に（名古屋高裁で違憲判決を出した）青山（邦夫裁判長）さんも、知っていたと思います。

名古屋地裁の裁判長は私たちの主張を遮って突然、結審しようとしてきたので、直ちに忌避を何人かの弁護士が大声で訴えました。本来、忌避が出されたら審理は止まらないといけない。しかし、裁判長は小さな声で結審と言って法廷から逃げ出して行った。

――そんなことで良いのですか?

それで裁判長を国家賠償で訴えました。法廷のテープを確保するための証拠保全の申し立てもしました。審議を録音したテープを出せと。忌避して国賠して、さらに法廷のテープを証拠保全までしたことはその後も一度もない。それだけ徹底的にやりましたが、一審は惨敗です。本当に惨敗。すさまじく惨敗しました。で、名古屋高裁に控訴して裁判を継続したということです。

担当した名古屋高裁民事3部は、青山邦夫裁判長ほか2名の裁判体でした。高裁では地裁とはうって変わって、誠実に、きちんとやる姿勢が最初から見えた。法廷での原告の意見陳述を認めてくれたし、私たち弁護士の主張にも真摯に耳を傾け、法廷でイラクの動画を流すことも許してもらいました。

――必要ないとは言わない？

動画の最後に、戦争で子どもが犠牲になることへの問題を訴えた反戦歌が挿入されていたので、青山裁判長から「歌は法廷で流すわけにいかないと思いますが、どうですか」と聞かれましたが、「歌も含めて全部資料です」と答え、結果として、法廷で歌も流れた。その映像を裁判官たちも、国の代理人たちも、原告みんなと共に法廷でみました。

――真面目に向き合っているってことですね。

真面目にしっかり向き合ってくれました。一審では認められなかった証人尋問も行なわれました。明治大学の山田朗教授や、平和的生存権の研究の第一人者である憲法学者の小林武先生の証人尋問が認められました。それで、それなりに判決が出るかなと。

――請求は棄却されるだろうと思っていた？

請求棄却については最初からそういう狙いですから。日本には憲法訴訟のステージがなく、民事訴訟の土俵で闘うしかありません。われわれ、裁判のことを知っていますから。慰謝料を勝ち取るための裁判じゃないので。

――それはインタビューした青山（邦夫裁判長）さんもわかっていました。賠償金が1万円って裁判はないでしょ、って言っていた。だから狙いは違うところにある。

お金欲しさじゃない。日本に憲法訴訟の枠はないので、民事訴訟か刑事訴訟で争うしかない。結局、民事の土俵に載せるしかないんですよ、憲法違反も。1万円の賠償を求めるのは、相撲の土俵にレスラーの格好をして出てくるようなものだとわかっている。でも、勝ち取りたいのは憲法違反の判決なんです。民事の土俵を使わないと始まらないので、仕方なく1人1万円の請求をしたのです。最初から、判決文の中に憲法違反と書いてもらうことが狙いです。請求棄却は当たり前なのです。

勝ちかどうかの主軸は、違憲判断が判決文の中に出ること。もっと言えば、仮にそれが出なくても、自衛隊がイラクから撤退するのが本当の勝ち。そこにつながる判決が出ること。この裁判の力でイラクから自衛隊を撤退させる。最終的には違憲判決を取ることでもなければ、憲法9条を守ることでもなくて、自衛隊をイラクから撤退させることだとはっきりしているわけです。

――その法廷に毎回たくさんの原告が来ているわけでしょう。その原告が裁判に直接関わっているというのは、裁判所に対してはすごく影響があったと思いますか？

もちろんです。しかも名古屋だけでも原告は、法廷と次の法廷との間で勉強会をしている。どんどんイラク戦争のことが忘れられていく中で、4年間続けた。陸上自衛隊が撤退した後、まだ航空自衛隊が活動していることを知らない人も多い中で、闘い続けるのは大変でしたが、毎回の学習会には市民が集まると、必ず「みなさんが講師です、今日は講師養成講座です。みなさん一人ひとりが地元に戻って講師としてこの問題を広げましょう」ってやっていたので、運動の意識はかなりあったと思うんですね、裁判に。

この判決の感触の話に戻ると、丁寧に審議を進める裁判所というだけで違憲判決が出るほど甘くはない。ただ、いろいろあって出るだろうと思いました。弁護団事務局長というのは、3人の裁判体の一番若い左陪席と、実務的な点でやりとりをすることがしばしばありますので、この人たちなら違憲判決を出すかもしれない、という確証めいたものは、私個人は持っていました。ですので、違憲判決を取った後どうしていくかということも、判決前から考えていたということはあります。

――自衛隊の活動が憲法違反との判決を受けたのは、名古屋高裁におけるイラク空輸訴訟が最初であり、今のところ最後となっています。日本の政治はこの判決を反映した安全保障政策を取っているでしょうか。考えを聞かせてください。

イラク空輸訴訟の違憲判決の憲法上の価値は、「武力行使との一体化」禁止原則を生かしたところです。何が武力行使との一体化になるかは、大森政輔元内閣法制局長官が示した「大森4要件」（他国による武力行使との一体化の有無は、①戦闘活動が行なわれている、または行なわれようとしている地点と当該行動がなされる場所との地理的関係、②当該行動等の具体的内容、③他国の武力の行使の任に当たる者との関係の密接性、④協力しようとする相手の活動の現況等の諸般の事情を総合的に勘案して個々的に判断さるべきものである）で示されている。名古屋高裁もこの4要件にもとづいて、判決を書いています。

裁判の中では、私のほうで「大森4要件」とネーミングして、実態をこの要件に当てはめて違憲だと準備書面で書いています。それが、違憲判決につながっています。「武力行使との一体化」禁止が大事であるポイントは、アメリカが海外で戦争をしていて自衛隊が派遣されたとしても米軍の軍事活動から距離を置き、戦争に巻き込まれることがない、つまり「防波堤」となってきた。それが憲法9条の役割なのです。同盟のジレンマの一つの「見捨てられる恐怖」を抱えている日本が、同時に陥る同盟のジレンマのもう一つの「巻き込まれる危険」を避けることができた。

9年前の安保法制は「集団的自衛権の行使」を解禁しました。隠れた狙いは武力行使禁止の歯止めを取り払うことにあるのではないかと思っています。集団的自衛権というと抽象的な概念になりますが、法的にかみ砕いていうと、アメリカ軍と武力行使一体化することを可能にする仕組みです。アメリカ軍と自衛隊の武力行使が一体化することを認めているのが集団的自衛権行使。つまり、憲法9条の価値を壊そうとしているのが安保法制だと思っています。しかし、この法律ができたからといって憲法9条は死滅したわけではありません。現にイラク空輸訴訟で米兵を空輸した航空自衛隊の活動を違憲と判断した名古屋高裁判決は9条に依拠している。判決を受けて「イラクへの自衛隊派遣は問題ない」と言っていた政府が、違憲判決が出た2008年の年末には航空自衛隊を撤退させている。憲法9条が機能したことによって違憲の活動を終了せざるを得ない事実があった。この事実は大事です。安保法制がつくられたからといって、9条が死滅したとあきらめてはいけない。

――その後の政府を見ると、判決を反映した安全保障政策が取られているということはまったくなく、むしろ否定する政策をあえて取っているとは思いませんか？

武力行使の一体化を容認している点が安保法制の肝でもあるので、その通りだと思います。そういう意味では、名古屋高裁の違憲判決を否定したい、その意思があるかどうかはともかくとして、憲法9条の武力行使一体化禁止原則は取り払いたい、と考えているのは間違いない。

――安保法制に出てくる（それまで政府が違憲としてきた他国軍への弾薬の提供、発進準備中の航空機への燃料補給などの後方支援を合法化した）重要影響事態や国際平和共同対処事態は、まさに大森4要件を破壊するためにつくられていますね。

武力行使一体化の禁止を壊すことを明確に意識しています。

――イラク空輸活動が今の法律のもとだったら合法になりかねない？

しかも、後方支援を可能にするどころではなく、海外における武力行使もできるようになったので、安保法制を前提とすれば合法となるでしょう。

――存立危機事態となれば、「密接な関係にある他国」を守るために自衛隊が海外で武力行使できることになりました。

そういう意味では、9条の歯止めをことごとく壊していっているのが安保法制なので、その意味では名古屋高裁で勝ち取ったものを、あえて壊そうとして法律がつくられているともいえます。しかし、ここでわれわれが理解しなければいけないのは、イラク派兵は9条を乗り越える形で出したけれど、9条を生かすことによって撤退させたということです。9条の力を発揮させることによって、9条違反の行為を否定することができる。今、安保法制ができているけど、9条はあるので、9条の真価を発揮させ、違憲の法体系を否定するチャンスは必ず来ると思っています。

実は、私は安保違憲訴訟には関わってきませんでした。自分はすでにイラク訴訟で「使用済みのカード」であり、新たな訴訟には、新たな人たちが取り組むことが必要だと思っていたからです。しかし、先月（2024年7月）、安保違憲訴訟の全国集会に行って、遅ればせながら名古屋の裁判に加わることにしました。何年も不義理していたのですけれど、安保法制ができたこの9年間で何が変わったかをまとめています。

集団的自衛権を容認したことによって何が変わったのか。集団的自衛権の行使は自国への攻撃対処とは無関係なので、自衛隊が出動できる範囲は地理的に無制限となる。長距離の遠征能力が当然、必要になります。自分を守るのではなく、他国に対する攻撃をするので、圧倒的な打撃力が必要になります。これは岸田政権が閣議決定で保有を決めた「敵基地攻撃（反撃）能力」につながっています。

それが抑止力強化の発想と結びついて、他国を制圧する軍事力を持つことになる。それで防衛費2倍と。

名古屋高裁の判決を否定する部分を含む安全保障関連法ができたことによって攻撃型空母がつくられたり、長い射程のミサイルが必要になったり、南西諸島に基地が拡大された。台湾有事というフィクションを根拠に軍事力を強め、それが本当の危機をつくり出す結果になっている。あえて危機をつくり出して、軍事費を増大し、安保法制を推進するために活用してきているわけです。安保法制ができただけならば何もなかったのに、自衛隊と米軍との関係も含めて大きく変容させる作業を9年間、着々と進めてきた。その結果、まさに世界一のアメリカに従属し、しかも、米軍の手先となって戦争の前線を担う「世界一のポチ軍事大国」になってきているわけです。こんなひどいことはない。

今まで憲法9条はアメリカの違法な侵略戦争への参加を拒絶するカードとして使ってきたわけで、1990年代には北朝鮮の核開発に第二次朝鮮戦争を検討したアメリカに対し、内閣法制局はアメリカからの要求の多くを「憲法上できない」と断言した。アメリカは結局、攻撃には踏み込まなかったわけですが、9条を切り札にアメリカの戦争への巻き込まれやアメリカの戦争そのものを止める力を果たしてきた。

——アメリカが戦火を拡大したベトナム戦争に自衛隊は従軍しなかった。第二次朝鮮戦争を回避した。9条がアメリカの戦争を食い止めた力になったんですね。

そこもこの安保法制によって壊されたわけですから、完全にストッパーがなくなった。これでアメリカが台湾有事に突き進む時に「いや、待ってくれ」と言えない。それどころか前のめりになっている。本当に危機的な状況だと思っています。今まさに安保法制の違憲性をあらためてきちっと言うべき時だなと思います。名古屋高裁で勝ち取った違憲判決が壊されているけれども、9条がある以上、きちんと活用し、9条の陣地を回復していく闘いが大事だと思っています。

――イラクでの自衛隊の活動が憲法9条1項に違反すること、また平和的生存権はお題目ではなく、権利として存在することを明言した名古屋高裁の判決は今、どのように生かされているでしょうか。見解をお聞かせください。

台湾有事が騒がれていることもあって、「戦争の被害者にならない」という面に焦点が当てられていますが、（イラク空輸訴訟で）名古屋高裁での訴えの基本は「加害者にならない」ということでした。私たちが訴えた平和的生存権の本質は、「戦争の被害者になりたくない」ということではなく、「戦争の加害者となることを拒絶する権利」なのです。加害者になることは私たちの人格の根幹を踏みにじる。その意味で「加害」を強いられることによる「被害」です。本質的には加害者にならないことが平和的生存権の核心です。私たちは戦争によって侵略した歴史を持っているわけだから、戦争を止めるためには自分たちの加害性に目を向けて「加害者にならない」という訴えが大事なのです。被害性を強調すれば、防衛力を高めることを肯定し、結果として戦争を後押しすることにつながりかねません。

――憲法9条は、結果的に被害者にならないんだけど、加害者にならないってことを明確に書いていますね。

戦争をしない、自分たちからしないと決めているのに、安保法制で集団的自衛権を認めた。攻撃しますよ、と言った時点で、憲法の価値を踏みにじっているわけです。平和的生存権はその本質において、こちらから他国に対して、平和を侵すようなことを私たちはしません、ということ。中国や北朝鮮に対して、私たちは被害者だと思い込まされている部分がありますが、中国や北朝鮮に対して、軍事力を強調して押さえ込もうとすればするほど、中国や北朝鮮に脅威を与えているという自覚を持つべきです。抑止力とは相手に脅威を与えることを意味するので、抑止力政策の当然の帰結です。しかし、これは戦争のリスクを高めることにしかなりません。加害者性を強調して平和的生存権を訴えていく必要があるだろうと思います。

――日米共同訓練とか、日韓共同訓練、米韓共同訓練に対して北朝鮮が怒っている。

明らかな挑発ですよね。

――日米共同訓練を南西諸島でやると中国は不快だって言う。それはまさに加害者性に対する批判かもしれない。

煽っているわけですからね。武力の威嚇をやっているわけです。

――海上自衛隊が「インド太平洋方面派遣」と称して、護衛艦3隻以上を派遣して単独訓練や日米共同訓練を南シナ海やインド洋で繰り返している。以前は末尾に「訓練」とあったけれど、今はない。ということは作戦行動に切り替わったということ。今年（２０２４年）は護衛艦5隻を実に２２７日間も派遣している。南シナ海でアメリカ軍と一緒になって訓練している。寝た子を起こすようなものです。

相手の立場から見れば、演習という名のもとに挑発行為をやっている。目の前で戦争ごっこをやっているわけですから。「攻めるぞ、お前を攻めるぞ」と言われているわけですから、実弾の1発、２発は撃ちたくなります。その1発をきっかけに戦争へとつながることは十分にあり得ることです。軍事力を誇示し、挑発をしていくその先に平和があるとはとても思えません。

（２０２４年8月20日）

柳《やなぎ》澤《さわ》協《きょう》二《じ》さん

（元内閣官房副長官補、「国際地政学研究所」理事長）

——イラク空輸訴訟をめぐり、名古屋高裁で違憲判決を出した青山邦夫先生に会い、あの判決をなぜ書いたのか聞きました。原告団の弁護団事務局長だった川口創弁護士にも会い、どのような弁護活動から違憲判決に至ったのかインタビューしました。あと航空自衛隊を退官後、イラク日本大使館の警備官になり、イラクで航空自衛隊のC130輸送機に乗り、イラクとクウェート間を往復していた人にも話を聞きました。

なぜ、今、イラク空輸訴訟かというと、自衛隊の活動とアメリカ軍の武力行使が一体化している、憲法違反だという判決が出たにもかかわらず、安倍晋三政権になって安保法制が制定され、武力行使との一体化にあたる自衛隊の後方支援活動が拡大した。さらに海外における武力行使そのものの集団的自衛権行使まで解禁した。岸田文雄政権はさらに進めて敵基地攻撃も可能としました。あの違憲判決と、その後の政権の進んだ方向は正反対だと思います。どこかであの判決の原点にもう一度、立ち返ってみたい、そう考えたのです。

柳澤さんは２００４年から２００９年まで、自衛隊がイラク派遣されている最中に首相官邸で内閣副官房長官補として派遣に直接、関わった。当時の内実について可能な限り、お話してほしいと思います。

以前から疑問に思っていたのですが（筆者は柳澤協二氏が防衛庁広報課長だった１９９１年、東京新聞記者として防衛庁取材の担当となり、柳澤氏と知り合うことになった）、東大法学部を卒業されて官僚になる道は当時よくあった。その中でもなぜ、防衛庁を選ばれたのでしょうか。

私はじいさんが弁護士だったこともあって司法試験を目指していたんだけど、2回ダメだった。（司法試験を）二浪もしていると嫌になっちゃう。当時、父親が事業に失敗したりして、授業料や自分の生活費を家庭教師のアルバイトと奨学金でやり繰りしていた。もっとも、当時の授業料は年に1万2000円です。だからできたんですけどね。いずれにしても司法試験の勉強を続けるのが耐えられなくなったのと、親のスネをかじれないので、働かなきゃいけない。だけど、あまり金儲けには自分で向いていないと思っていたので民間ではなく、やっぱり国の仕事をしたいなと。その中でもエリート臭がぷんぷんする役所ではなくて……。人事院の国家公務員上級職（当時）の試験は割といい成績でしたが、大学の成績は優の数が2つしかなかった。ほんと、今でも、よく卒業できたと思います。10年前くらいまでは、卒業試験があるのに試験会場がわからないとか、試験範囲がわからないといった夢を見ることまであった。在学中に全共闘の安田講堂事件もあって、真面目に授業には出ていなかったのです。だから一流官庁、エリート官庁はとっても無理だと思ったけれど、国の柱になるような仕事はしたかった。警察庁は先輩から誘われたけれど辛気臭いので行く気はなかった。そこで防衛庁かなと。別に自衛隊に親しみがあったわけではないんだが、リクルーターの人たちがね、当時はまだ（戦前、戦中に強大な権限を握っていた）内務官僚が防衛庁にたくさんいたわりですよ。こういう人たちの発想は、これからの防衛庁は制服組をしっかり監視・監督しなければいけない、シビリアンコントロールをちゃんとやる仕事なのだと聞かされて、そうであれば、やりがいもあるのかなって思い、防衛庁に入った。

入ってみたら（防衛庁で上級職採用1年目の職員の呼称である）「見習い」でコピー取りや残業時の夕食の注文から朝の掃除まで。全然自分の想像とは違った。そういうところに馴染んで、一から教わった。一番つらかったのは、午前8時半に登庁しないといけなかったこと。学生のころは昼ごろ出て行っていたから、一番しんどかった。確かに、当時（自衛隊が「税金泥棒」とまで言われた時代に監督官庁の防衛庁に入るのだから）「変わっているな」とは言われましたよ。ただ、ほかに行きたいところもなかった。

――あまり積極的な理由じゃないですね。

ただ、やっぱり国の幹になるような、漠然としたイメージがあったので。

――次の質問です。防衛庁広報課長として『セキュリタリアン』を創刊しています。命名の理由と、『セキュリタリアン』を通じて何を訴えたかったのかを教えてください。

私はとにかく広報誌を刷新したかった。

――当時は『防衛アンテナ』でしたね。

これは防衛庁長官の訓示なんかが掲載されている。資料価値はあるかもしれないが、国民向けの広報誌としては、まったく読む気が起きない中身だったので、読まれるようなものをつくりたいなという思いがありました。当時は雲仙普賢岳の噴火があり、災害派遣を通じて自衛隊が注目される時期でもあった。一番のポイントは、「上から目線」で国民にお説教をするのではなく、自衛隊の中にも戸惑いや悩みがある、そういう姿を前面に出していくことで国民の共感を得ることが大事なんじゃないかと。そうでないといつまで経っても「自衛隊というのは、好きな連中が好き勝手にやっている。何か国民とは違う、異質の存在だ」という状況のままになる。そこを何とかしたいという思いでした。テレビの取材もどんどん受けていった。別冊宝島でいろんな自虐的な特集ネタを組んだりして。広報課スタッフの若手自衛官が出したアイデアでした。『セキュリタリアン』は、広報課に来たばかりの1年生のキャリア(上級職)の女性が命名したのです。セキュリティとベジタリアンみたいなのをくっつけた造語でした。表紙も戦車にするんじゃなくて、若い女性隊員のグラビアにしたいと言ったら、日吉(章)官房長(後の事務次官)から「(NHK番組の)『明るい農村』じゃないんだから、そういうのはダメ」って怒られて、誰かが見つけてきた雑誌のイラストを採用しました。

――時間はいきなり飛びますけれど、2004年4月、内閣副官房長官補に就任しています。当時、首相官邸では自衛隊のイラク派遣全般、陸上自衛隊や航空自衛隊の派遣について、どのように考え、何が重要だと受け止めていたのでしょうか。米国とのやり取りは、どのようなものがあったのか、またそれに対する官邸の対応ぶりを教えてください。

私が就任した2004年4月は、すでに自衛隊が派遣されてイラクで活動を始めていました。なぜ派遣したのかといえば、イラク戦争が始まって小泉(純一郎)総理が支持を打ち出す。アメリカを孤立させせないという意味です。小泉さんの非常に政治的な一種の賭けのような、当時は自民党の中にも「それはちょっと行き過ぎじゃないか」という声もあった。もちろん日本がその戦争の中に入っていくことは誰も考えていなかったけれども、戦争が終わったら自衛隊を復興支援のような形で出していく必要があると、当時の福田(康夫)官房長官も小泉さんと同じ認識を共有していたと思います。空母「リンカーン」の艦上でブッシュ大統領が勝利宣言をして、国連決議が出され、アメリカの占領統治が始まるのに合わせてイラク特措法をつくることになる。そのあたりは私が官邸へ行く前に段取りが組まれていた。

それは何かというと、とにかくアメリカ。冷戦が終わってアメリカがオンリー・ワンになった。スーパー・パワーになったアメリカとの関係を深めていくしかない。表の理屈は、北朝鮮という大量破壊兵器を持つ国の脅威を前にして、イラクにも大量破壊兵器の脅威がある——実はなかったんですが、そのためにもアメリカに協力していかなければいけない。アメリカを孤立させないという意思がすごく強かった。だから、とにかく自衛隊を何とか出さないといけないというのがあったのだと思います。岡本行夫（首相補佐官）さんが派遣地域を提案してきた。それから銃撃されて亡くなった奥克彦（外務省参事官）さんがサマワを見つけてきた。民生支援に適した場所を探してきてくれたのです。おそらく、民生支援がセットでなければ法案（イラク特措法案）はつくれなかったと思う。もう一つの要素は、連立を組んでいる公明党の冬柴（鉄三）幹事長がイラクへ視察に行った。で、ここは大丈夫だというパフォーマンスをやっている。そういう流れで、とにかく戦争なんてことは頭にないわけ。与党幹部は、自民、公明含めて。

私が官邸に行った後にいろいろ事件が起きる。何が心配だったかといえば、自衛隊員が犠牲になることが一番心配だった。私が官邸に4月1日に入り、最初のイラク関係の仕事は、高遠菜穂子さんら日本人3人のNGOメンバーやジャーナリストが人質に取られたことで、どうするのかとなり、泊まり込みが始まったけれど、実は何もなす術はなかった。結局、現地の宗教指導者の仲介で解放された。当時、小泉首相は「テロには屈しない」と言っていたが、どうするんだっていうと、やはり交渉を静かに見守っていくしかなかった。

4月には（陸上自衛隊の拠点であるサマワ宿営地に）ロケット弾が落ちてきた。コンテナを貫いたのは2004年の10月だったと思う。「とにかく一人けがしたら、内閣つぶれるぞ」ということですよ。当時の細田（博之）官房長官がそういう言い方をしていました。与党幹部も含めて、自衛隊が無事なことが最大の関心事項。しかし一方で、アメリカとの関係性を維持するためにアメリカチームの一員として日本の名前を出しておかなければいけない。この2つの要請をどうするのか、どう満たすかということでした。だから私はサマワ宿営地へのロケット弾攻撃が始まった2004年4月以降、3カ月交代の派遣群長（派遣部隊600人のトップ）が挨拶に来るたびに「あなたの一番大事な仕事は、何もしなくてもいいから全員無事に連れ帰ることなんですよ。なぜなら、総理も与党幹部も、犠牲出すことなんてまったく考えていないから」という話を私はしていたんです。

――それは驚きですね。行く前に挨拶にきた群長に、無事で帰ることが仕事だと。

帰ってきた時は「全員無事でよかったね」と伝えた。それに尽きますよ、本当に。イラクにいること自体に意味があったのです。

――そうですね。ただ、何もしないではいられないから復興支援活動をやっていた。

ただ、よく働いていたと思います、自衛隊はね。

――そうですね、真面目ですから。

サマワにあった日本とイラク友好のシンボルの記念碑が破壊されたり、（イスラム教シーア派の強硬派指導者）ムクタダ・サドル師の事務所に武装した市民が集まったりしたけど、自衛隊はイラクの国民を銃で脅すことなく、抑制的に行動していたと思います。あのへんは陸上自衛隊は、本当に徹底して対応をしてくれたと思っています。

――当時、陸上幕僚長だった先崎一さんが言っていた言葉があります。「軍事による政治意思の実現」とイラク派遣を位置づけていました。

まさにその通りですね。犠牲を出さないようにすることも含めて政治意思の実現なんです。ただそれは復興支援活動に限定したからできた。

――そうですね。

私も後で当時の陸幕（陸上幕僚監部＝防衛相のための陸上自衛隊の幕僚機関）運用担当に話を聞いたけれども、「こういう任務（人道復興支援）であいう場所（イラク南部の都市サマワ）でやるならば、武器使用権限は、最後の身を守るための武器使用で十分です。それ以上のことをやったら、かえって危ない」と、そういう認識は陸幕も持っていたんだと思います。

――すごく練られているなと思いますね。私は実際に現地にも行ったし、行く前に陸幕防衛部長の宗像(久男陸将補＝当時）さんにも聞きました。自分たちが発砲したり、攻撃されたりすることがない活動に特化していると。

そうですね、サマワからタリル（イラク南部の飛行場）まで移動中の車両が襲われる事件がありました（２００５年６月23日、陸上自衛隊の車両が仕掛け爆弾の被害に遭った。車両は小破したがけが人はなかった）。その事件以前から、同じ時刻に同じ経路を通らない、つまり行動をルーティーン化しない工夫をしていましたね。

――宿営地にロケット弾が撃ち込まれるようになり、イラク特措法で規定された「非戦闘地域での活動」が怪しくなる。国会でも議論になったポイントですね。官邸ではロケット弾攻撃が散発的に起きる事態について、非戦闘地域へ派遣するという前提が崩れたという考えにはなりませんでしたか?

ならなかったですね。実はね、非戦闘地域の概念について、私は陸上に当てはめるのは無理があると思っていました。（１９９９年に制定された米軍の支援を規定する）周辺事態法の後方支援地域は、米海軍がピケットラインを張っている、その一線を越えたところが戦闘地域だと、けっこう自信を持っていたのです。しかし、弾がどこから飛んでくるかわからない陸上には当てはまらない。戦闘地域、非戦闘地域という概念で分けるのは限界があると思っていました。しかし、戦闘地域の概念は、撃ち合う相手が「国または国に準ずる組織」か否かに関係がある。相手が国または国準であれば、武力行使の一環としての戦闘行為にあたる。すると相手は誰だとなる。サドル派だとかフセイン残党では「国または国準」ではないわけだから、理屈の上から言うと戦闘ではないので戦闘地域ではあり得ない。しかし、それは定義の問題。さすがにそんな理屈で突っ張れるわけはない。小泉さんがボソッと言っておられたのを聞いたんだけど「そうは言ったって……」、サマワに近いモスルの話ですけど、「(他国軍の)C130が扉を開けて機関銃を撃っている。戦闘機や戦車が出て弾を撃ってるのに戦闘地域じゃねえなんて言えないよな」と言ったことがある。まさにそういう現実と、周辺事態法以来の対米支援の理屈の中での武力行使と一体化しないための国または国準という話。これが本当に混沌としていたと思います。ただ、サドル派のグループだったので、必ずしも多国籍軍との全面戦争をしようとしていたわけではない。

――そうですね。

交渉の一環、不満の意思表示としての攻撃。ギリギリ戦場ではあるけど戦闘地域でないと、言って言えないことはない、という感じではあった。

――うまいですね。戦場であるけれども、戦闘地域ではない。

そうそう。そこは安全かどうかといえば決して安全ではない、という意味では戦場ですよ。

——そういうことですね。陸上自衛隊がいた2年半の間に散発的なロケット弾攻撃がありましたが、あれは、自衛隊に雇用されていい思いしている部族もいれば、全然そうじゃない部族もいる、またサドル派という集団もいるし、あれは不満のぶつけ方の一つだと?

そう思いますよ。ただ、ろくな武器はない。ロケット弾を横に寝かせて撃つようなことをしている。少なくとも組織的に周到な準備をして、自衛隊をやっつけようとしているというまでの認識はなかった。ただ1人でも2人でも亡くなれば、国内が大変な状況になるだろうとは思っていました。

——陸上自衛隊が撤収後の2006年7月31日、航空自衛隊のC130輸送機は首都バグダッドや北部アルビルへの空輸を開始しました。国連のための空輸と発表されましたが、実際には米兵を空輸していました。この空輸を開始するにあたり、官邸でどのような議論があったのでしょうか。米兵空輸が中心になることは承知していましたか。

とにかく陸上自衛隊を早く撤収させたかったのです。2005年の10月ごろ、小泉さんからわれわれに指示があって、密かに半年かけて準備をしました。私は正直言ってその後はどうするか、そんなに関心はなかった。おそらく小泉さんも関心はない。とにかくサマワから早く全員無事に引き揚げることが一番大きな課題でした。

しかし、その後、何もしないわけにもいかない。(空輸活動は)誰がどこから持ってきた話かよくわかりません。おそらく外務省や防衛庁からのアイデアだと思います。35カ国のイラク多国籍軍の旗が1つなくなっては困るので、何らかの形で続けなきゃいけない。米軍のニーズが強く働いたという感じはしませんでした。北部のアルビルにある国連施設への物資・人員輸送のニーズがある、となった。一番のポイントは、公明党が乗ってくれるということ。公明党の手前、国連を前面に出さないといけないという認識をみんな持っていた。結果的に国連関連を空輸した余席を利用して米軍を運ぶのもいいじゃないかと、その程度の認識だったと思います。

むしろ心配だったのは、バグダッド空港がすごく危険だったこと。砲撃がたくさんありました。だから自衛隊の事務所に大きな土嚢を積むんです。とにかく考えられる限りの安全策が必要でした。それまではサマワの出来事について、防衛庁から官邸に来て内閣官房副長官のところで毎日午後3時に会議をやっていましたが、陸上自衛隊の撤退以降はバグダッド国際空港の安全情報、それからバグダッドのグリーン・ゾーン(安全地帯)にある日本大使館への襲撃をすごく心配するようになっていました。

——そうすると、空輸活動はアルビルの国連の人と物が最優先で、席が空いたところに米兵が入るということであれば基本的には国連のための活動ですね。

そうです。

——だけど実際、終わった後に誰を何人運んだか振り返ってみたら、アメリカ兵が一番多かった。アメリカ兵はバクダッドとファルージャで戦争を続けているから、運ぶと武力行使との一体化と言われないかという議論にはならなかったのですか?

そこはね、私が知る限りでは……。そういう問題提起をするとしたら私なんだけど、やらなきゃいけないんだけど、全然そういう議論はしていなかったですね。というのは、それは周辺事態法からの後方地域あるいは非戦闘地域の概念の中にあった「相手は国または国準かどうか」という問題に照らせば、該当しないから何をやったって武力行使との一体化ではない。もう一つは、後方地域支援として弾薬だって兵隊だって運ぶのだけど、運ぶのはアメリカ軍が戦争をするための拠点まで。例えばバグダッド国際空港までは運ぶ。しかし、そこから先はどこに運ぶのか、どこの前線部隊に持っていくかまで噛んだら一体化かもしれない。

拠点(バクダッド国際空港)まで持っていくのは、後方地域支援の武力行使と一体化しない範囲の中に論理的に収まっているという認識がありました。

——なるほどね。

それが(第2次安倍政権で制定した)安保法制の中ではね、大砲を砲兵のいる陣地まで運べるようになっている。今、撃ち合いが行なわれていないならばそこまで運んでいいとなった。それは一体化だろうと私は思いますね。周辺事態法からイラク特措法までの、米軍の武力行使との一体化を避けるための論理は、まさに作戦上、米軍が前線でどういう戦闘をしているか、直接そこに関わるか関わらないかで一線を引いていた。

——それは大森政輔内閣法制局長官の4条件*ですね。支援する相手との地理的関係、具体的内容、密接性などを総合的に勘案して、判断するという。

＊　大森政輔内閣法制局長官が示した4条件：
他国による武力の行使と一体をなす行為であるかどうかは4つの考慮事情がある。
①戦闘活動が行なわれている、または行なわれようとしている地点と当該行動がなされる場所との地理的関係
②当該行動等の具体的内容
③他国の武力の行使の任に当たる者との関係の密接性
④協力しようとする相手の活動の現況
等の諸般の事情を総合的に勘案して、個々的に判断さるべきものである。
（1997年2月13日衆院予算委・大森政輔内閣法制局長官答弁）

運ぶのは拠点までなら問題ない。周辺事態法でも同じ要件を示していた。だけど砲兵の陣地まで

持って行ったら、それはダメでしょうっていうのが私の認識。

――発進準備中の航空機に燃料を入れては武力行使との一体化になるからダメというのと同じですね。

そうそう。攻撃準備中の大砲に弾を持って行ってはダメでしょ。そのように軍事的に説明はつくと思っていた。それを崩したのが安保法制だというのが私の認識です。

――イラク派遣の時は周辺事態法しかないし、憲法の枠内での米軍への後方支援を決めた１９９７年改定の）日米ガイドライン（「日米防衛協力のための指針」）でもできる範囲は抑制的になっていました。それが安保法制で完全に違憲の範囲まで法律をつくったということですね。さて、当時、空輸の中身について、市民の情報公開請求では「海苔弁」といわれる黒塗りの資料しか出てきませんでした。情報公開に消極的だった理由を教えてください。

表の理屈は、多国籍軍の行動が明らかになる可能性があるということ。私もずいぶん黒塗りを決裁した記憶がありますが、何をどれくらい運んだか、作戦進行中にそんなこと言えないよな、という感覚ですね。今でもそうかもしれないが、情報公開はできるだけ理屈のつく限り黒塗りにするという基本方針があったわけですから……私もそこは何のためらいもなく、中身がわかるところは全部黒塗りにした。

これは国会における力関係の問題なんです。小泉さんの「自衛隊がいるところが非戦闘地域だ」との国会答弁、あれは小泉さんだから通ったたし、岸田（文雄）内閣が同じことを言ったら内閣はつぶれるでしょう。ただ政治家や官僚が安易にこれが当たり前だと考えていると、状況が変われば通用しなくなる。風穴を開ける一つのきっかけになる可能性があったのが、南スーダンPKOの日報問題*でした。あれは国会の中の勢力関係から、あれ以上はできなかったんだろうと思います。国会での論戦とか、メディアによる批判、国民からの批判の高まりとか政治的な力量を高めて要求していかないと、政府は情報を出さないのですよ。官房副長官（的場順三氏）の言葉で覚えているのは「そりゃあお前、国会やっている時に質問の材料を与えるような発表をする必要はないだろう？」って。みんながそういう感覚でいた。

＊　南スーダン日報問題：
2016年9月、市民の情報公開請求に対し、廃止して存在しないと回答した防衛省が河野太郎前行政改革相の「よく調べてみろ」との一言で複数の部署に存在することがわかり、開示した。日報には「戦闘」の文言が繰り返し現れており、現地の治安状況の悪化に伴う撤収の判断を迫られるのを嫌って隠蔽したと批判された。

――やっぱり力関係で、政府が強いから門前払いできるわけですね。

そうです。

――バグダッド便は着陸する直前、携帯ミサイルに狙われたことを示す警報音が機内に鳴り響き、火の玉の「フレア」をまきながらの飛行を余儀なくされていました。官邸にはどのように伝わり、どう対処したのでしょうか。

そうしました、というのは聞いていました。「考えられることは何でもやれ」というのが官邸の方針です。防弾板をC130輸送機の床に全部敷き詰めるとか、操縦席を防弾仕様にするとか、それからコックピットの近くに外に飛び出した丸窓（バブル・ウインドウ）を付けて下を監視するとか、「とにかくあらゆることをやれ」というのが官邸からの指示でした。ただ、次の安倍（晋三）政権はあまり関心がなかった。

――第1次安倍政権？

陸上自衛隊がイラクから全面撤収した後の2006年9月、安倍政権に替わって、そのへんでイラクに対する官邸の中の関心はほとんどなくなっていたと思います。しかも官房副長官が的場順三さんになって「そんなの僕にいちいち報告しなくていいよ」みたいな人だったので。ただ、現地の情報は集めておかなければいけない。私のところ、つまり安全保障担当の副長官補室と、外政担当の副長官補室でバグダッド空港の情勢は毎日一回、報告は受けていました。

——そうですか。当時、私は東京新聞記者として、防衛省が空輸の中身を公表するより前に航空自衛隊の人から、バグダッド空港が近づくと機内に警報音が鳴り響き、「フレア」をまき散らすとか、アクロバットみたいな飛び方をしないといけないとか、いろいろ聞いていました。そういう報告が毎日あったということですか？

そうです。基本的には特異事象があればね。それは（陸上自衛隊がサマワにいて人員、物資を空輸していた）タリル空港の時もそうだったと思うんだけど……。

——確かにタリルの時も「フレア」をまきながら上がっていっていました。

らせん状に上昇していって、肩撃ち式ミサイルの射程圏外である８０００メートルといった高いところを飛ぶ。そういう飛行が毎日、行なわれていた。

——陸上自衛隊がサマワにいる時もバグダッド空港へは行っていましたよね。

行っていたかもしれない。

——というのは、元航空自衛隊の警備官でイラクの日本大使館で勤務していた人がバグダッド便に乗っていたというのです。

バグダッド便を出すようになったのは、何だったのかな。けっこう定期的にやっていたのかな。特に陸上自衛隊が撤収した後は、バグダッド、アルビルという定期便をやることになった。定期便はカタールにある多国籍空軍の統制下で運行するわけですから、荷物があろうがなかろうが毎日飛ぶ。その便に米兵が「乗せてくれ」という。断るわけにいかないってなった。ことさら米兵と武器を積んであげようという発想ではなく、定期便になったのだから、乗るのが国連であれ米兵であれ、ってことですよ。

――陸上自衛隊が撤収する時に航空自衛隊も一緒に帰そうという考えはなかったのですか?

なかったですね。それはだから旗を下ろせないということ。

――そうすると、陸上自衛隊の群長に言うのと同じく、「とにかく無事に帰ってきてくれ」と。

航空自衛隊には「とにかく何も運ばなくてもいいから、とにかく撃たれずに無事に帰ってきてくれ」と。

――すごいことですね。

すごいことですよ。

――質問はもう終盤です。２００８年4月17日、イラク空輸をめぐる裁判で名古屋高裁は「イラクにおいて行われている航空自衛隊の空輸活動は、……イラク特措法を合憲とした場合であっても、武力行使を禁止したイラク特措法2条2項、活動地域を非戦闘地域に限定した同条3項に違反し、かつ、憲法9条1項に違反する活動を含んでいることが認められる」との判決を出しました。この時の官邸の受け止めを教えてください。

これはね、高橋憲一（内閣参事官）ちゃんら事務方が準備してくれていたんだろうと思います。この日、今でも忘れはしない、金曜日で雨が降っている中、赤坂御苑の園遊会に行っていた。実は前年10月の秋の園遊会に呼ばれたのだけど、新潟県中越地震があって行けなかった。その代わりに春の園遊会に呼ばれていて、それが終わるころ、名古屋高裁の違憲判決を知らされた。すでに官房長官（町村信孝氏）の会見で「（違憲部分は拘束力を持たない）傍論です」と答えていた。かつ飛行の差し止めは判決されていない。訴えの利益がないからと国が勝訴した判決なのですよ。正直言うと、私、本当に不愉快でしたね、「そこまで言うんだったら、差し止めしろよ」と。「原告に損害賠償を払えと言うべきなんじゃないの」と。憲法違反だけど、飛行を止めるわけにはいかないって判決、卑怯じゃないかという感想は持っていました。

でも、いずれにしても理屈で言えば先ほど話した通り、戦闘地域の概念は、撃ち合う相手が国または国準でないと成立しない。相手の性質からいってイラクに戦闘地域はあり得ない。ただそんな法律論をやっても意味があるとは私は思っていなかった。もう一つ、これも先ほど話した通り、相手の拠点までの輸送はしていない。戦闘行為に関わっているとは言えないだろうという私なりの認識もあったので、違憲判決が出たから大変だという感じはなかった。それを一言で田母神（俊雄航空幕僚長）流に言えば「そんなの関係ねえ」ということ（田母神空幕長は名古屋高裁違憲判決の感想を求められ、実際に「そんなの関係ねえ」と発言した）。空輸をやめろと言われない限り、正々堂々と続けるという認識だったということです。

――米兵の空輸を始めた当時、航空幕僚長は吉田正さんでした。彼にインタビューした時に、先ほど柳澤さんは「地上において非戦闘地域と戦闘地域の区分けは難しい」とお話しになったけれども、吉田さんは同じことを言っていて「飛行機はどこから飛んでくるミサイルに撃たれるかわからない。非戦闘地域を飛べって言われても、その区分け自体、自分たちにはわからない」と言っていました。

だから、非戦闘地域を飛べなんて部隊に要求したら、それはおかしいのです。非戦闘地域って政治的な判断なんですよ。

――小泉さん、こう言ったことありますね。「自衛隊がいるところが非戦闘地域だ」って。そういう考えに近いのですね。

結局、他に言いようがない。イラクの現実からするとね。

——でも、イラク派遣はアメリカと共にあるってところから始まっている。現にドイツもフランスも軍隊を出していなかった。そういう中でアメリカを孤立させてはいけないと、相当困難な仕事をやることになったということですね。

そうです、部隊はね。ご承知のように冷戦が終わって、自衛隊を海外に派遣する枠組みは最初はPKOだった。次には1993年の北朝鮮の核危機を契機にして、対米支援の枠組みをつくった。それが非戦闘地域のもとになる後方地域支援の発想です。それは何かといえば、米軍の戦闘行為と一体化しないということ。それはアメリカ軍のシーコントロールが明確になっている地理的条件のもとでは、私は軍事的にも説明できるという自信を持っていた。だけどその対米支援の基準をイラクに適用しようとしたところで、ぎりぎりのところでミサイルに当たらなくてよかったという世界になってしまった。

——もし陸上自衛隊の隊員でも、航空自衛隊の輸送機の場合であっても、死者が出たら内閣が吹っ飛んだと思いますか?

吹っ飛んでいたと思いますよ。だからその時のことを考えて私も頭の体操をしなければいけなかった。当時、防衛省の西川徹矢官房長が官邸にやって来て、「もしも派遣した隊員が一人でも亡くなったら官邸から誰か出して、クウェートまででいいから柩を出迎えてください」と話を持ってきたことがあった。そんなことは、その時になればなんとでもすることであって、それよりも死者が出る事態になっても防衛省はまだ活動を続けるのか、そこを考えておかなければならないという問題意識を持っていた。明確にお答えいただいたのが細田（博之官房長官）さん。「君、一人けが人が出たら内閣飛ぶぞ」と言う。ほかの人には聞かなかったけれど、実際に起きれば、内閣が飛んだかどうかは別として、やっぱり撤収せざるを得なかったのではないかとは思います。

――不思議なのは、小泉さんの時に始めたイラク派遣とはいえ、安保法制や憲法解釈の変更にあれほど熱心だった安倍さんが関心を持っていなかったのはなぜかという点です。

安倍さんは別にイラク派遣で何かしようとは思っていなかった。その代わり有識者懇*（「安全保障の法的解釈の再構築に関する懇談会」）を立ち上げた。第1次政権では失敗するんですけど、誰にも相手にされずにね。

* 安全保障の法的解釈の再構築に関する懇談会（安保法制懇）‥有識者13人からなる憲法と集団的自衛権行使の関係を整理するための懇談会。安倍氏か退陣した後の2008年6月、座長柳井俊二氏（元駐米大使）の名で「憲法9条は集団的自衛権行使を禁止していない」との報告書を提

出したが、受け取った福田康夫首相によって棚上げされた。第2次安倍政権で同じ13人に1人追加したメンバーが再招集され、前回と同様の報告書を提出。2014年7月、安倍内閣が「集団的自衛権は条件付きで行使できる」と閣議決定する根拠となった。

小泉さんと安倍さんとの違いは、小泉さんには軍事や憲法に関心がなかったこと。ただ9・11(2001年9月11日の米同時多発テロ)が起きて、ブッシュ大統領との関係から何かやらなければいけないという思いがあった。アメリカのイラク戦争に対しては「支持する」と小泉さんが決断した。撤収についてもそう。当時、(米同時多発テロの報復として米国が開始したアフガニスタン攻撃に関連して制定された「テロ対策特別措置法」にもとづく自衛隊による)インド洋の給油活動がずっと続いていたんですが、それを2005年に「やめよう」と言い出した。それを「やっぱり継続しよう」となったのは、イラクで難渋していたブッシュ大統領の立場が難しくなりつつある時、(2005年8月末、アメリカ南部を襲った)ハリケーン・カトリーナが発生して大変な状況になった。ここでインド洋の給油をやめるとは言えないなという思いがあって、継続することになった。すると翌2006年、イラクの陸上自衛隊をできるだけ早く引ける時に撤収させるという意向が伝わってきた。そういう流れがあった。だから小泉さんという人は、自分の思いとか理念をどうするかではなく、置かれた現実の中でいかに政治的な決断をしていくかという発想でいたんだと思います。それに対してわれわれ官僚は既存の法的な枠組みやツールを使って「やれる範囲はここまでですよ」と進言しつつ、総理の意向を実現しようとしたということです。

ところが、安倍さんは違う。はなから憲法を改正したいという思いが先走っていた。だから第1次政権の有識者懇で、私が立場上、事務局をやったけれど、実は与党も含めて「総理がやりたいならやらしておけば」という感じでした。安倍さんは「北朝鮮からアメリカ本土に向かって飛んでいくミサイルに対し、日本が迎撃しなくていいのか」という問題意識を示したので、私のほうから「総理、そのミサイルは北極上空を飛んで日本から離れていくので撃ち落とせないのです、物理的に」という話はしているんですよ。「それでもいい、自分は理屈の問題としてそれをやりたい」と言うから、「首相がそうおっしゃるなら検討のための懇談会の立ち上げはお手伝いします」となった。ただ、もう人選も全部総理のほうで決めていました。私が一つお願いしたのは「公明党への根回しは事務方ではできないので、総理からやってください」と話したこと。後日、「太田（昭宏）代表は、わかったって言ってたよ」という話があった。みんなが腰が引けていたというか、やりたいんだったらやらしておけばっていう感じ、スタートはね。

――公明党が諸手を挙げて賛成しているわけではなく、やりたいならどうぞという話でしょうね。

そう、もう勉強だけだろうという感じでしたよね。

――それがここまで来るとはね。

ただ、この時は1年後に体調を壊して総理を降板せざるを得なくなった。それでも執念で復活してきた。あの執念の強さは、他の政治家にはないと思います。かつ、それが疎外感を持つ一定の国民に響いて岩盤支持層ができていく。そういうカリスマ性が安倍さんにはあった。一方、安倍政治をそのまま引き継いだ岸田（文雄）さんには、そういうカリスマ性はまったくないから、何を目指しているのか、わけがわからなくなった。右寄りの岩盤支持層が望む言葉は、岸田さんから出てこない。それが自民党の混迷の実態だと私は思いますね。

小泉時代のイラク派遣までの流れは、東西冷戦が終わり、（日米双方にとって「同盟に意義があるのか」との答えを出すための）日米の安保再定義があり、ぎりぎり憲法との整合性の中で対米支援という枠組みをつくった。ただ、それは「武力行使と一体化しない」という歯止めがあった。一方、アメリカは9・11以来、対テロ戦争に向かう。そこではアメリカが破壊して日本とヨーロッパが立て直すという同盟モデルができていったと思います。その同盟モデルの中で周辺事態法に始まる対米支援モデルは、実はうまく機能したと思う。戦闘地域かどうかという、理屈の上で危なっかしい部分があったとしても、「アメリカが戦争をする」「日本が国づくりを手伝う」という同盟モデルが情勢にマッチしていたと思います。しかし、その後、オバマ政権のアメリカはイラクから撤退する、戦争から手を引く流れになっていく。すると「日本は国づくりをやればいい」というモデルはもう通用しなくなる。今度は中国を相手に戦わなければいけないという新たな同盟モデルをアメリカが求めてくるようになった。

当時、安倍さんがそこまで認識していたかわかりませんが、安倍さんのベースには対中脅威論があったことは間違いない。小泉さんの時代と安倍さんの時代では、アメリカが日本に求める同盟モデルの姿がまったく違うものになっていた。だからもう周辺事態法の枠組みでは応えられない。それではどうするか、きちんと考えないといけないのだけど、岸田さんになって「とことん何でもやります」というところまで進めてきているのが今日の姿だと思います。だからめちゃくちゃ危ないではないかと、私は言っているんです。

——周辺事態法ができた1990年代と小泉さんまでは抑制的だし、憲法の枠の中での自衛隊の活動だったとの認識があったのでしょう。でも安倍さんが出てきたことで、ご本人の政治信条として憲法を変えたいと。変えられないならせめて集団的自衛権の行使を存立危機事態という日本防衛に一皮をかぶせる形で解禁して「アメリカの戦争」「日本による国づくり」という同盟モデルから「アメリカの戦争は日本の戦争だから、アメリカの戦争に加わる」に変化させました。この妙な枠組みをつくった安倍さんは、台湾をめぐって中国とアメリカが戦争して日本がその間に挟まることまで想定したのでしょうか?

想定していないと思います。当時は、もっと漠然とした中国脅威論なのです。そこにウクライナ戦争があって、その後に台湾有事の問題がクローズアップされてきた。それより前に想定していたらおかしな話になる。安倍さんは日中首脳の相互訪問まで合意しているわけですから。第1次政権の時も最初の海外訪問先は北京でした。日中の戦略的互恵関係というアイデアも安倍さんの時に出されている。だから、台湾有事まで考えて集団的自衛権行使を解禁したのではなく、それはもう一方の信念であるところの「血を流さないと真の同盟ではない」に由来している。血を流す関係になって初めて日本はアメリカと対等になれるという意識だと思うのです。

——安倍さんは「台湾有事は日本有事」というのは、首相の時に言っていない。

そうそう。

——辞めた後に言っているので、わりと気楽に言っている。

そうですね。本当にね、私は安倍さんがいなくなったのは、大きな政治の結節点になったと思います。いたほうが良かったのかは歴史が判断するが、もっと違う手立てが打てたんじゃないか。岩盤保守層の支持がある安倍さんだからこそ、中国と妥協もできるという力関係がある。今、中国と妥協できる政治家っていないのですよ。

——林芳正官房長官が外相当時、党内から「媚中派」と揶揄され、中国外相からの招待が報じられると「間違ったメッセージを海外に出す」との反発が出ました。対中外交は足踏みせざるを得なかった。

そうです。

――だから日中友好議員にはできない。

だから反中の頭目みたいな人が中国と妥協できるんです。

――聞き忘れたことがあります。名古屋高裁の判決から8カ月後、2008年12月に航空自衛隊が撤収しました。撤収について、官邸でどのような議論があったのですか。

この撤退については、ほとんど政治的な議論はないんです。私が覚えているのは誰も別に何もなくて、「あ、そうだったの」みたいな感じで。私の問題意識はね、イラク特措法の期限延長した時の2005年だったかな、イラク特措法に派遣が終了したら国会報告しろという項目があって、国会からは「大量破壊兵器がなかったことを検証しろ」という声も上がっていた。国会報告を書く時に検証をどうするかとなり、誰も気がついてないからいいんじゃない、ということでね、検証については何もしなかった。

――結局、民主党政権になって「やれ」と言われて、外務省が検証したけれども、概要をA4判で4枚出すだけで終わった。やらなきゃダメだったのじゃないですか。

いや、だから私はそれを自分のライフワークにしようと思ったわけです。そこで『検証　官邸のイラク戦争』（岩波書店）という本を出して、一応区切りはついたかなと思っています。

——柳澤さんは退官後、護憲の立場から政策提言を続けています。今どんな思いでやっているのですか。

戦争をやっちゃいけないというところが原点なんです。イラクで本当に危ないことをやらせてしまったという反省があるわけです。もし隊員が亡くなっていたら、私はいったい、何をしたのだろうとなる。それが原点になって、戦争は避けなければいけないという私の思いになっている。戦争だけはしない、戦争は何としても避ける。それがすごく大事と考えています。憲法違反はけしからん、9条守れと言うだけで現実的な政治の力になるかっていうと、そうじゃない。もっと突き詰めないといけない。私の場合は自分の経験から戦争はとにかく絶対いけないと言えるのです。私は自衛隊員の命を守るためにも、戦争をやっちゃいけないという思いなのです。その思いが安倍さんの憲法改正や「血の同盟」に負けてはいけない。そういう自分の思いをそれぞれが自分の内面に問いかけなきゃいけないと考えるので、そう発信していきたいのです。

——そういえば、（名古屋高裁のイラク空輸訴訟で違憲判決を出した）青山邦夫（裁判長＝当時、現弁護士）さんとお会いになられたとか。

先日、川口創弁護士の所属する名古屋第一法律事務所で名刺交換しました。「われわれが願っている方向とどんどん逆の方向に世の中は行っていますね」という話をしたと思います。

――そうですね。青山さんからすれば、ブレーキをかけたつもりだったのでしょうが、まったく逆の方向に進んできた。

私は別に言い訳するつもりはないが、（航空自衛隊によるイラク空輸は）武力行使との一体化をめぐる大森政輔さんのテーゼからは外れていないつもりでいた。それが今、外れてきて、さらに現実の米中対立の中で戦争に巻き込まれるかもしれない。それは名古屋高裁判決が不十分だったからとか、あるいはわれわれがそれを意図的に無視して進めようとしたとかね、そういう意味ではない。そういう話ではないんだ。やっぱり安倍さんの存在ってすごく大きくて、中国やロシアの動きも相まって、彼が仕掛けた保守バネが国民の中に広まってきているという危機感がある。なぜわれわれの思いと逆のことをするのか、その理由もよくわかる。じゃあどうするか、という時に少なくとも私が言えることは、「9条守れ」と言っているだけではダメだよと、そんなことじゃ通用しないよということを言い続けていきたいですね。

――なるほど。どうもありがとうございました。

（2024年9月3日）

青《あお》山《やま》邦《くに》夫《お》さん

（元名古屋高裁裁判長、弁護士）

――イラク空輸訴訟の違憲判決を出されたことを中心にお尋ねします。振り返れば、自衛隊の存在が違憲だという長沼ナイキ訴訟の福島（重雄裁判長）判決がありますが、自衛隊の活動についての違憲判決は青山先生のこの判決しかありません。青山先生から話を聞こうと考えたのは、「台湾有事」が言われる中、安保法制ができて海外の武力行使が法的に可能となり、岸田政権は閣議決定で敵基地攻撃ができることとしました。以前の憲法解釈ならば、安保法制やこの閣議決定は、違憲と強く批判されたはずです。安倍政権の安保法制が施行から8年経ち、岸田氏の閣議決定からも2年以上、経過しています。武力で何でも解決できるのが当たり前のような風潮はおかしい。日本が戦争に巻き込まれるおそれがある事態を見過ごしていいとは思えません。こうした中で

自衛隊の活動について勇気ある判決をお出しになった青山さんに、なぜ違憲判決を出したのか、あらためてお尋ねし、世に問うていきたいと思っています。

最初に青山さんの生い立ちから聞きます。新潟県高岡市にある浄土真宗のお寺の息子さんだったんですね。家を継ぐという話はなかったのですか。

僕は次男です。長男が継いで、今は別の人が寺を継いでいます。長男も弁護士で、東京に根拠を持っていて、掛け持ちでした。僕が小さいころは、寺社の団体がしっかりしていました。信仰心のあつい人もたくさんおられ、伝統的な雰囲気はありましたね。僕の父は非常に進歩的な思想を持っている人で、お経を習わされたことは一度もなかった。戦後ずっと原発反対の運動をやっていました。そんな社会活動をやっているような人で、後から見れば少しは保守的な雰囲気というか、古いところもあるのだけれども、親父は子どもたちが坊主になることを願っていた人ではなかった。

——高岡高校から現役で東大法学部に入られたんですね。高岡高校は名門ですが、学生のころは、スポーツとか文化部の活動はやっていましたか？

高校はやらなかったですけど、中学校まではバレーボールをやっていました。まだ9人制でしたね。

——なぜ、法律家を志したのですか。（裁判官を退官後、教授として着任した）名城大のホームページには「法律を学ぶには独特の思考方法があり、これまで学んできた思考方法の殻を破ることも必要」とあります。

初めは理系に進もうかと思っていました。物理・数学が得意だったのです。ただ、理科的な能力というのは頭打ちかなという気がして、法学を取るのがいいかなと。数学ですと、公理があって定理が導かれ、それからいろいろな法則が出てくる。大前提が決まってどんどん展開していけば、いろいろな公式につながるという思考法です。一方、法律は、例えば総論があり、各論に移る。その各論には、いろんな共通の問題が出てくる、それを並べたものが総論なんです。法律は論理を非常に重んずるのですが、数学的な論理じゃないなと気になっていました。

法律上の論理は、説得するための有力な根拠、みんなが納得できるような根拠を示して、結論を出す。そういう論理であって、一つ一つが何かの大前提から入る。その中には価値観があるわけです。その価値観は数学的論理だけで考えるのは難しいのです。非常に複雑な面白さが法律にあるのです。そういう思考法と、もう一つはやっぱり、法律学は裁判するための学問であるわけです。いくつかの要件があれば、こういう権利を与えますよとなる。どの人にどんな権利があるのか、権利の体系を場面ごとに考えていく。どんな事実があれば、どんな権利があるかとなる。争いを解決するためには、こういう要件があれば簡単に勝ち負けが決まる、そういう世界だとわかるまでにとても時間がかかりました。

——東大大学院の1年生の時に司法試験に合格されて、大学院は卒業までいたのですか。

はい。修士の資格を取るために2年間は大学院にいて、卒業と同時に司法修習。合格した時期と修習は1年ずれていますね。

——修習が終わると裁判官、検察官、弁護士と選択肢があります。なぜ裁判官を選ばれたのですか。

やっぱり一番向いているかなというのが本音です。あまり立派な志があるわけではない。検察官みたいな権力を志向するのは嫌でした。司法試験を受けようという人たちは、僕らの大学ではあまり権力志向のない人たちですね。一方、弁護士はちゃんと人と上手に接しなければいけない。私自身はあまり上手ではなさそうだし、人の話を聞いて判断していくのが裁判官ですから、これが向いているのかなとなったのです。

——合議制は3人の裁判官で決します。同じ証拠や証言に接しても判断が分かれることはありませんか。それとも同じ証拠と向き合っていれば、同じ結論に至るのでしょうか。

普通の場合はそうなりますね。特に高裁の場合ですと、陪席の二人は地裁での経験があります。また一審で判決が出て、これが正当かどうかという観点から高裁に上がってくるわけですから、それに対する評価をしていくということです。だからその中で、ここの論理はどうだ、その論理を支えている証拠はどうだと見ていく必要があると、経験のある陪席はわかってくる。

一番精神的につらいのは高裁の右陪席だったと思います。一つはですね、地裁でも合議はやっていますが、単独で事件を持って自分の思うようにやってきて十分、経験を積んだ人でもあります。高裁に来て、一から裁判長の指揮でやっていくというのは大変なこと。自分の流儀を少しは抑えなければ、ということもあるでしょう。

――高裁民事部は年間400件くらいの事件を扱うのですか。1日1件以上やっている。一般の方は、右陪席と左陪席ってどこが違うかわかりにくい。

地裁の場合ですと、右陪席は裁判官を10年ぐらい経験している。左陪席は5年未満で、世代が違う。左陪席は合議の主任になる合議事件を受け持ち、そこで揉まれて成長していきます。

――右陪席はある程度経験を積んで、すぐにでも裁判長になれるかもしれないぐらいの人もいるわけですね。そうすると本当は一人前で判断できるのに、右陪席の自分と裁判長との意見が違うな、という時が難しいと。

地裁の若い人だってよく事件を見ています。みんな力があるから、上の人に媚びへつらうということとはない。これが地裁です。高裁だと同じくらいの経験がある人が陪席として2分の1ずつ主任として事件を持っていて、そういう意味では右も左も担当した事件に対する発言力は強いですね。

――青山さんは、2005年4月27日、名古屋高裁の裁判長としてマンション住民の男性が上の階の住民が飼う犬の鳴き声がうるさくて睡眠不足になったとして損害賠償と飼育禁止を求めた裁判で、賠償金100万円を認めた一審を変更し、賠償金を160万円とし、さらにマンション規則を理由に飼育禁止を言い渡しました。この時は、どのようなお考えだったのでしょうか。

よく探してくださって。精神的な損害だけではなく、睡眠不足もあるから生活妨害もある。日本の裁判は、損害額の認定が非常に少ないんです。勝てればいいじゃないかと。だけど、やっぱりそれではいかんと思うのです。裁判に弁護士をつけるのは強制じゃないので、弁護士費用を損害額の中に入れない考えもあります。だから5万円の賠償金をもらったところで10万円の弁護士費用を払うこともあり得る。それはおかしい。日本の裁判は全体として、精神的なもの、あるいは生活文化的なものに対しては非常に緩かったと思います。生活妨害とか体調に変調を来すような案件でも認定が非常に甘いと思います。日本の損害賠償請求は、金銭だけの問題だというのが基本的にあるんです。何かの行為を禁止することについて、裁判所はずっと慎重にやってきた。それではいけないと思うのです。

――青山さんは、2007年5月31日、韓国人女性ら7人が太平洋戦争中、三菱重工業で強制労働させられたとして国と三菱重工に損害賠償を求めた勤労挺身隊訴訟で、名古屋高裁の裁判長として日韓請求権協定*を根拠に原告敗訴とする一方、「国家賠償法施行前だった」とする被告側の国家無答責の主張を認定せず、「脅迫による強制連行や、賃金の未払い、外出の制限を伴う強制労働が三菱重工業と国の監督で行われた」として国と三菱重工の不法行為責任を認定しました。このように判断した理由はどこにあるのでしょうか。

＊　日韓請求権協定…
日韓両国の国交正常化を定めた1965年の日韓基本条約と同時に締結された付随協約。
①日本が韓国への経済協力として計5億ドルを供与する
②協定締結までに生じた両国とその国民の間の財産請求権問題は「完全かつ最終的に解決された」ことを確認するなどの内容になっている。

一審は、どういう経過で原告たちが日本に来たのか、どういう生活をしたのか、これをきちんと認定していますが、日韓請求権協定を持ち出して棄却してしまった。だから国や三菱の行為について責任があるかないか書かなかった。われわれの名古屋高裁でも、やっぱり日韓請求権協定はなかなか乗り越えられない。それで結論は同じだけども、それまでの行為をちゃんと評価したほうがいいんじゃないかとなった。そこで日本へ連れてきたことが強制だったと認定しました。国家賠償法施行前だから、国家無答責という見方は強かったけれども、それはおかしいだろうと。大臣だって全員が国家無答責と言っているわけではない。普通の国民と国家が支配、被支配の関係ではない場合に、不法行為があれば無答責という判例があることを手がかりにして判決文を書きました。三菱重工は戦後できた会社ですから、その前の会社とのつながりはどうだ、となる。そういう意味では国も、それから三菱重工も責任を負っている、そこまで詰めたことは詰めたのです。しかし、その一方で日韓請求権協定を乗り越えるのは難しい。日韓正常化の時に国同士が約束したわけですから。

――日韓請求権協定の締結時、韓国は軍事政権で、民主的な政権ではなかったとの指摘があります。その後、この原告は、韓国でも裁判を行なっていますね。

そうそう。だけどこれ（名古屋高裁の勤労挺身隊訴訟）は面白い。名古屋の弁護士さんたち（内河惠一弁護士ら）が掘り起こしたんですよ。韓国へ行って、原告を見つけてきた。日本に行けば女学校に行かせると約束しながら、軍需工場で働かせるばかり。そういう騙しや強制があったことは間違いない。戦後この人たちは、挺身隊といわれ、ものすごい迫害を受ける。結婚できない人もいるし、離婚させられた人もいる。そこでしゃべらないでおこうと。深い事件です。

――国と国とのあり方、それも戦争を挟んで戦前と現代に重なっています。

判決の後で内河さんと話をして、裁判というのは勝ち負けが大切なんだけど、負けとしてもそれなりに裁判所が認定し、判断して、真実が少しでも明らかになれば、非常に慰めになるという面があるのだなと強く感じました。これはイラク空輸訴訟にも通じます。一方で、結論を書くのに必要でないものは書くな、という風潮はあります。

――青山さんと（イラク空輸訴訟原告団事務局長の）川口創弁護士とのシンポジウムで、川口さんが聞いていましたね。必要ないのに何で「違憲」と認定したのかと。三菱重工のこの事件と通じるものがありますね。

次の質問に移ります。青山さんは福島重雄裁判官のことを少し話されましたが、福島裁判長は札幌地裁において1973年9月7日、保安林指定解除処分を取り消した判決（長沼ナイキ訴訟）の中で地域住民の「平和のうちに生存する権利」（平和的生存権）を保護するものとして訴えの利益を認め、自衛隊は憲法9条2項によって保持を禁ぜられる「戦力」にあたるとし、防衛庁設置法、自衛隊法等は憲法に違反し、無効としました。この判決をどう考えますか。

昭和48年ですから、ちょうど私が任官した年です。原告は自衛隊そのものが違憲だと主張して、国も反論した。福島裁判長は（旧日本海軍出身で当時、航空幕僚長だった）源田実さんなど証人として出廷した自衛隊トップら（24人）を尋問して、戦力とは何かと徹底的にやったんです。真っ向勝負の裁判でした。その前に（自衛隊法が憲法9条に照らして合憲か違憲かが問われた）恵庭事件がありましたが、憲法判断は示されなかった。自衛隊が合憲か違憲かを争っていて、政府としては合憲に定着させたい、そんな時代だったと思います。だから長沼ナイキ訴訟で真っ向から勝負した。あの時は（最高裁が司法修習生を罷免するなどした）「司法の危機」と言われた時代で、政府与党や右のジャーナリズムが裁判所を攻撃していた最中。その中で裁判が進んだ。被告の国が福島裁判長の忌避申し立てまでした。

――弁護側が忌避を申し立てるのはよくありますが、国が忌避を申し立てるとは、すごい裁判ですね。自衛隊が合憲か違憲かの議論が定着しているというより、議論がなくなっている。近年の安保法制違憲訴訟で国が反論する場面を見たことがありません。

それなりに国もちゃんと応答していた時代でした。それだけではなく、外部からの圧力もすさまじかった。その中に置かれた福島裁判長も覚悟はあったでしょうね。あれだけの裁判だと本当にいろんなことが起こる。（当時の札幌地裁所長だった平賀健太氏が原告の申し立てを却下するよう福島氏に求めた）「平賀書簡」が明るみに出た。すると、その書簡を公表したことはよくないといって国会の裁判官訴追委員会が開かれ、平賀所長は不起訴、福島裁判長は起訴猶予となった。

――すごい時代ですね。でも長沼ナイキ訴訟以降、自衛隊をめぐる憲法論争は表面化していません。80年代は静かだった。東西冷戦が終わり、90年代になって湾岸戦争があり、海上自衛隊の掃海艇がペルシャ湾に派遣され、国連平和維持活動、つまりＰＫＯで陸上自衛隊がカンボジアに派遣されました。21世紀に入り、２００１年に同時多発テロがあり、アメリカがアフガニスタンを攻撃して、２００３年にイラク戦争を起こす。自衛隊の活動に目を向けると、90年代は少なくとも国連の旗のもとでの海外派遣だった。しかし、アフガン攻撃に伴う海上自衛隊による米軍への洋上補給とイラク戦争の自衛隊派遣は「我が国の独自判断に基づく海外派遣」で、国連とは関係のない派遣です。全然性質が違うと思います。

長沼ナイキ訴訟の控訴審で札幌高裁が（在日米軍の違憲性が問われた）砂川事件の上告審判決と同じように「統治行為論」を持ち出し、自衛隊の違憲性についての判断を避けました。統治行為論は、裁判所の「逃げ」だとの批判があります。米軍が日本にいることや自衛隊が存在することの是非は高度な政治性を帯びているから司法審査に馴染まない、というのです。この統治行為論についてどうお考えですか。

これは僕自身もおかしいと思っています。しかし、最近の裁判所は統治行為論も言わない。言うまでもないという感じです。この砂川事件もそうですが、政治的なところについて裁判所の判断を全面的に排除するわけではなく、「一見してきわめて明白に違憲無効と認められない限り」、その内容について違憲かどうかの法的判断を下すことはできない」（砂川裁判最高裁判決）とあり、事件によっては限定的な解釈があり得るはずなんです。でも、今や統治行為論さえ言わずに、結論だけ出して逃げている。安保法制違憲訴訟はその典型例。実質は統治行為論を展開するところだろうけど、その判断さえしないでおこうということです。

——イラク空輸訴訟に移ります。2008年4月17日の名古屋高裁判決は、「イラクにおいて行われている航空自衛隊の空輸活動は、……イラク特措法を合憲とした場合であっても、武力行使を禁止したイラク特措法2条2項、活動地域を非戦闘地域に限定した同条3項に違反し、かつ、憲法9条1項に違反する活動を含んでいることが認められる」としました。この結論に至るまでの思考過程を教えてください。

判決は訴訟の結論として出すものですから、原告がどのように訴訟を組み立てたかによるわけです。裁判所が勝手に土俵をつくるわけにはいきません。イラク空輸訴訟はいわゆる派兵（武力行使を含む自衛隊の海外派遣）をめぐる違憲訴訟です。まず、派兵したことは違憲、だから派兵を止めさせろということ。損害賠償請求もありますが、まず派兵の撤回というのが主眼の裁判です。この事件の特徴的なところは、裁判の最中にも事件が進展していく、戦争が進展していく。この事件の興味深いところは、「戦後処理」ではないところです。

（イラク南部の）サマワに行った陸上自衛隊は裁判の最中に日本に帰ってきました。なんか宿営地に閉じこもって帰ったなという印象です。だけど航空自衛隊は残った。そして、この空輸活動が（非戦闘地域での活動を規定した）イラク特措法にも違反する。イラク特措法がぎりぎり合憲だとしても、そこで行なわれた活動は違憲だろうという論理なんです。尻尾をつかまれたのは、空輸活動なんです。人道復興支援活動の名目で行なっているけれども、航空自衛隊が運んでいたのは米軍だ、他国籍軍だとなると、復興支援とは縁がない。非常に明確になってくるわけです。そういう意味で、一番間違いないところで押さえられる。そういう意味では自衛隊が違憲かどうか、その判断はしないし、派遣そのものがどうだという判断もしていない。空輸活動に限定しているわけです。

――イラクの陸上自衛隊が撤収した後に、米兵や多国籍軍を戦闘地域と見られるバクダッドに運ぶことが、イラク特措法や憲法9条に違反するか。ここをピンポイントで問うている。そういう意味では米兵を運んでいるだけでは不十分で、戦争を続けていた米軍の活動と一体化しているか否か、そこが押さえられるかどうかなのですね。

はい。

――判決文を読むと、現地の様子をあたかも裁判官たちが見てきたみたいに、詳細に何月何日、日本政府が命令を出している。あるいはまた、陸上自衛隊の撤収後、空輸の場所が首都バクダッドであったり、北部のアルビルであったりという具体性や、週のうち何回の定期便があって、またバクダッドに着陸する前後にミサイルから逃れるための火の玉の「ノレア」をまいたりしている、そうした地域での空輸は明らかに戦闘地域の活動にあたると明快に書いています。そう判断した根拠は、証拠として提出された大量の新聞記事しかない。あと少しだけ国会における証言と裁判所における証言が根拠とされているけれど、かなりの部分が新聞記事です。新聞を信頼することへの不安はなかったんですか。

ずっと証拠を整理していて、「あるのは新聞だけだな」って。証拠の9割くらいは新聞記事でした。しかし、それを否定する証拠もない。被告の国が全然、反論しない、情報を出さない。

――それを「出せないから出さないんだな」と確信したわけですね。

そうですね。確かにあのころ、裁判以前に、市民の情報公開請求に対して国が開示した航空自衛隊の空輸活動の中身は黒塗りだったり、具体的なことは国会でも述べなかったりしています。やっぱりそうなると、反論しないのは言えないんだろうと。そう言われても仕方ないですよね。

あと裁判の仕組みとして、戦争中に裁判をやるということの難しさもあるなと思いましたね。これは何て言うかな、人の国に行って兵士を運んでいる事案だけども、日本が戦争になっているとして裁判をやったらどうなるかな、と考えることがありました。だけど情報が出ないことをどう考えていくか、それはやっぱり(一つの事象に対して二つの原理があるという)二元性に期待しなければいけないことになる。

――さすがに国は虚偽の証拠を出せないです。その結果、沈黙しかなかった。しかし、ご存知のように安倍政権になって特定秘密保護法ができて、今までイラクの実情について話してくれた人たちの口が重くなった。国が言わない、じゃあジャーナリズムに期待しようとなっても、ジャーナリズムが十分な働きができない環境に変化していると思います。

なかなか難しくなってきましたね。

――国が沈黙しているという意味では、安保法制違憲訴訟、全国22カ所の地方裁判所で25件の訴訟が提起されましたけれどもみんな同じです。国は却下を求めるだけで「安保法制は合憲だ」とすら言わない。一方、裁判所はイラク空輸訴訟の名古屋高裁と違って、憲法判断に踏み込まないまま、門前払いの判決を出しています。どう思いますか。

私も今は（安保法制違憲訴訟の）原告代理人になっていますが、この訴訟の弱さというか、訴訟形態の弱さというか、そこをつかれているという感じがします。安保法制違憲訴訟は国家賠償法にもとづく損害賠償請求権を権利として立てる訴訟をしています。国の公務員の行為によって、国民が権利、法益を侵害された場合には賠償するという建て付けです。そうすると、何を侵害されたのか、となる。いくつかあるけど、一つは平和的生存権を侵害されたとか、その他に人格権を侵害されたというものもあります。「平和的生存権？ 平和なんてのは抽象的なもので法益侵害にあたるものではない」。裁判所はここで切るわけです。すると棄却の結論が出てきちゃう。平和的生存権は、憲法の前文にきちんと書かれている権利なのだから、抽象的ではない。切れるような問題ではないと思います。だけどもう一つの問題は、平和的生存権を認めたとしても、その平和的生存権を持つ個人が侵害されたと言えるのかという関門が出てきます。

しかし、安保法制違憲訴訟は、安保法制という法律自体が違憲だと主張しているのです。この法律は、自衛隊に集団的自衛権の行使を容認するような権限を与えていますが、それだけでは直接に国民にどう影響するか、はっきりしない。国は安保法制にもとづいてどんどん軍備を拡張する、社会を軍事化していっていると主張していますが、やっぱり個人的な利益との結びつきがどこにあるのかといえば、なかなか説明するのが難しいのです。原告の人たちは、宗教家だったり、ご自身の戦争体験にもとづいたりして平和について敏感だから、こういう法律によって戦争の危険性が増す、だから平和的生存権は侵害されている、という思いでおられるんだけど、それを裁判所に納得させるのは非常に難しい。

——裁判所の言いぶりだと「権利侵害がないでしょう」と。それは「戦争になって被害者になってからおいで」って言っているのと同じように聞こえます。

損害賠償請求訴訟をどう捉えるかということがありますが、損害というのは具体的な損害でなければならないのが普通の裁判です。学校で事故があった、けがをした、そういう普通の裁判レベルで考えてはいけないはずです。長谷部恭男先生という憲法学者が言い出した「予防原則」が大事です。つまり、集団的自衛権が発動されて戦争が始まってしまうと、とり返しのつかない災厄が起こりうるから、今の段階でも損害があると考えられるので裁判所が事前に関与して判断すべきだというわけです。そこに一つの希望があるのですが、裁判所は乗ってこない。この違憲訴訟を通じて、考えながら知っていってもいいのです。「裁判所はやりたいと思えばやっていいんだ」とみんなそこまでは言います。逆に「裁判所はやりたくないからやらない」ところでとどまっています。

――今までお聞きしたことに通じるのですが、イラク空輸訴訟の控訴人が訴えの根拠とした平和的生存権について、名古屋高裁判決は「平和的生存権は……全ての基本的人権の基礎にあってその享有を可能ならしめる基底的権利である」とし、「単に憲法の基本的精神や理念を表明したに留まるものではない。……平和的生存権は、憲法上の法的な権利として認められるべきである」と明快に述べています。憲法前文というのは、全体に通じるこの憲法の基本的な考え方であり、だから最初に出てきています。そこに明確に書いてある平和的生存権について、それは抽象的な概念だという捉え方は変だと思います。ただ、この裁判では原告の請求は棄却しているわけですから、憲法に触れなくてもいい。むしろ、触れないのが当たり前になっているのが今の裁判所だと思います。

裁判の実務としては、まずその行為が違法であるかどうか、そしてその違法行為によって損害が生まれたかどうかという順番で理解して判断しています。そこで仮に国家の行為は違法だとしても、あなたの権利は侵害されていませんよ、と結論づけているのが安保法制をめぐる多くの裁判所の判断です。そうした論点で結論が出るのに、名古屋高裁は書かなくても済むものをあえて書いた。これは憲法訴訟なんです。原告が求めているのは憲法判断であって、実際には損害賠償の勝ち負けではないはずです。アメリカの裁判でも、別の論点で結論が出るんだったら、憲法判断をすべきではないというルールがあることはあるんです。ただ、これは歴史的背景があるからなので、絶対的なルールではないのです。先ほどから言っているように「踏み込みたい時には、踏み込んでもいい」というのが多くの憲法学者の見解です。

――三菱重工事件の時の内河先生とのやり取りでお話になっていましたが、判決は原告の思いどおりにはならないとしても、途中の経過をちゃんと認定してあげることが大事だと、そういうことも含めて原告は裁判に訴えているわけです。そこをちゃんとくみ取るか、形式的に、どうせ負けは負けなんだから憲法判断まで踏み込む必要はない、ということで終わるか、そういう違いですよね。

そうですね。行政法の学者が言っているのは、棄却になるかもしれない案件でも行政法の適法性を判断すべきだということです。それにより政府の行政行為は法律にもとづいてなされるべきだとあらためて知らされることになる。行政法のレベルでもそうなのです。憲法なら、なおさら同じことが言えるかもしれない。ところが、裁判所の傾向として「政治的なことについては触れないでおこう」となっていて、政府の行政行為に何も反映できないという大きなギャップがあります。

――自衛隊が創設されて以来、70年。自衛隊の存在そのものを違憲とした長沼ナイキ事件の判決はありますが、自衛隊の活動を違憲とした判決は名古屋高裁のイラク空輸訴訟が最初であり、今のところ最後です。かなり思い切った判決であり、裁判官の矜持を後輩の裁判官に示した判決でもあると思います。歴史的判決を出されたことについて、どのようにお考えですか。

何を問われているかちょっとわからないけど。

――名古屋高裁の判決を受けて、当時の福田康夫首相が「憲法違反というところは傍論だ」と述べました。判決の主文とは直接関係ないところに書いてあるから問題ないんだという意味です。判決は原告が敗訴、国が勝訴していますから、国は上告できないわけです。だからもう終わったんだという首相の語り口。あれは相当動揺している証拠だと思うんですよ。ああいう言い方をすること自体が。

そうですよね。「反響があるかな」と思って判決を出しましたが、なかなかそれが世の中を動かすほどではなかった。傍論かどうかはアメリカでは非常に重要なんですね。アメリカは判例法主義と言って、同種の事件に対する判例がある時はその判例に拘束されるわけですから。

――そうなんですか。

そういうことです。どの部分が法律的な効力を持つかというのは重要なのです。ただ日本で傍論といった時には、結論を出すための道筋とは違いますね、となる。しかし、審理はどこから判断していってもいいわけだから、そういう意味では必ずしも傍論ではない。

――そうですよね。だって1万円を賠償請求してることから明らかじゃないですか。国がわからないわけないですよね。

1万円欲しくて裁判やってるとは誰も思っていない。

――当時の田母神俊雄航空幕僚長は「そんなの関係ねえ」と強がってみせたけど、判決が出て、その8カ月後の2004年12月にイラク空輸部隊を全面撤収している。あの判決がなかったとすれば、ずっと続いたかもしれない。続いていたならば、バグダッド上空でミサイルで撃たれる可能性もあった。現にイギリス軍は航空自衛隊と同じC130輸送機が撃墜されて、乗っていた10人全員が亡くなっています。政府は判決に対して、まともな言い分があるならば、「傍論だ」などと逃げずに「憲法違反に当たらない」と主張した上でその理由を丁寧に説明すべきだったと思います。そうしなかったのは、反論できなかったのだと思います。その意味で政府の行政行為に重大な影響を与えた判決だったと思います。

名古屋高裁の違憲判決があるにもかかわらず、安倍政権で安保法制が制定されました。その違憲性を問う裁判はいずれも棄却されていますが、例えば、2019年11月7日、東京地裁判決は平和的生存権について「原告らが主張する平和的生存権は具体的権利とはいえない。平和の概念は、抽象的かつ不明確であり、原告らが主張する権利は、具体的内容、根拠規定、主体、成立要件、法律効果等のどの点をとってみても、一義性に欠け、その外延を画することさえできない極めて曖昧なものである」としています。この判断について、どうお考えになりますか。

イラク空輸訴訟の判決にこの平和的生存権とはどんなものかを書いていますが、今考えてみると、平和的生存権を侵害したという違法行為を主張する時に、権利の侵害でなければならないということはない。法益の侵害で足りると思います。法益というのは、守られるべき法律的な利益という意味ですけれども、それを定型化したものが権利と言われる。権利という言葉にとらわれると「その内容は何ですか」「誰が何をしたのですか」となって、いろんなことを説明しなければならない。平和に生きたいという願いがあって、この法律をつくることがその生き方を侵害されることになるという原告の立場が前面に出てくれば、平和の概念は抽象的で不明確だなんて話にはならないと思うんです。そういう意味では平和に生きる権利そのものです。

――平和に生きる権利というのは、外国からの侵略などもなく、外国のミサイルによって殺されるようなおそれもないという状態。だから日本は戦争に決して巻き込まれないで、自分の寿命を全うできるような生き方をするというのが平和に生きる権利ですね。

それが最低限の憲法9条の中身です。やっぱり戦争をしない、軍隊を持たない。その中で生きていくというのが平和に生きる権利じゃないですかね。学者も言われるけど、その通りだと思いますけどね。

――しかし、安保法制は、日本が攻められた時にだけ「必要最小限の実力」を行使するんだという憲法9条の規定を踏み越えていると批判されています。「密接な関係にある他国」を守るために武力行使する権利が書かれているわけです。この法律によって、平和に生きる権利を侵害されたという主張が、なぜ通らないのでしょうか。

普通の集団的自衛権とは違って、妙な状況をくっつけたからです。「国民の生命、自由及び幸福追求の権利が根底から覆される明白な危険がある」ような事態、つまり存立危機事態になれば、集団的自衛権を行使していいんだとなった。

あの理屈は他国の戦争で日本国民が生きていけなくなることがあると主張する。だから「密接な関係にある他国」を一緒になって守ることが、平和に生きる権利だという。嘘つけです。長谷部恭男先生が「そんな事態があるんですか」と言っている。他国が攻撃されたにもかかわらず、日本が直接攻撃されたのと同様の損害を日本が被ることは現実にはあり得ない。つまり存立危機事態はあり得ない事態だから、実際には集団的自衛権の行使は不可能だというのです。これは安保法制違憲訴訟で仙台高裁が初めて憲法解釈に踏み込み、「(安保法制による)集団的自衛権の行使の違憲性が明白であると断定することまではできない」と述べた根拠だと長谷部先生は指摘している。つまり、仙台高裁は安保法制を合憲と言っているのではなく、ぎりぎりまで踏み込んで安保法制は空論であると断定したのだということです。

——次の質問に移ります。青山先生は南スーダンPKOへの派遣差し止めをめぐる訴訟で、弁護団の一員となった理由について「(原告の)平(和子)さんがいるからです。裁判では『憲法違反だ』というだけでは足りず、具体的な損害を立証できないと勝てない。平さんは親として権利を主張できる」と述べ、憲法をめぐる政治の動向について「なし崩しが一番いけない。その意味で日本の戦後は、憲法をなし崩しにしてきた。法律家として見過ごすわけにはいかない」と話しています（2017年12月24日、東京新聞掲載の記事）。違憲訴訟の当事者性をどのように考えますか。また安倍晋三政権以降の憲法解釈の変更をどのようにお考えでしょうか。

裁判は当事者性が重要です。イラク空輸訴訟におけるイラクへの自衛隊派遣は、原告に向けられたものでも命令でもない。当事者性が遠いじゃないかというのはあった。だとすれば、どうしたら侵害行為と言えるのか、どこで線が引けるのか、また難しい。だけど、例えば中核である自衛隊への出動命令で、その命令を受けた自衛隊員がはっと気がついて憲法違反の出動命令だと考え、訴えてきた時には当事者性はもちろんある。当事者性の核心部分には権利を侵害されたというのがある。

その権利侵害がどこまで広がるのかというと、具体的に近いなと思ったのがこの平和子さんの事件で、息子さんは陸上自衛官で、派遣されるかもしれない。母親の立場として大きな精神的損害を受けるであろうから、普通の人とはまた違う。札幌の弁護団もそう考えておられた。今後は自衛隊員だけでなく、国民保護法などの関係で防衛出動に関連して徴用される運輸関係の労働者などが危険な任務を命令され、それを拒否することで損害賠償が出てくる。そういう意味では、具体的な事例を積み重ねていくことが大切なんだと思います。だから平和的生存権という権利が重要になってくる。

――ただ、今の国の態度は、長沼ナイキ訴訟のころと違って反論しない。難しいですよね。何も反論しないんですから。私も10件ぐらい安保法制違憲訴訟の原告側の証人としていろいろ法廷で語りましたが、裁判長から「被告側は質問ないですか?」と聞かれ、毎回「ございません」で終わりです。議論を詰められないように逃げている。

安倍政権では、集団的自衛権の行使が可能だという法律ができました。その後の岸田政権は「敵基地攻撃も専守防衛の範囲」と閣議決定しました。このような憲法の解釈を一方的に変更した法律や閣議決定について、どう思われますか。

やっぱり憲法違反だと思う。集団的自衛権の行使を認める法律をつくったのは本当に大きい。自衛の範囲を超えて、どんどん他国のために戦争をする。米軍と一体になってやろうとしていて、指揮権まで渡さないといけない。今そこまで来ていますね。

——安倍首相はアメリカとの関係が良かったたし、岸田首相も良かった。二人とも最近の首相としては国賓待遇でアメリカに呼ばれているから、アメリカにとって都合の良い首相だったということが証明されています。結局、日本の憲法を曲げて、米軍と共に戦うとか、米軍を守るために戦うというのは、日本という国が独立国家ではなくなっていくということを、喜んで進めているようにしか見えません。

僕もそう思いますね。本当に主権国家としての節度があるのかと。軍事同盟があるからといっても不平等な地位協定ひとつとってもどうかと思う。指揮権も渡してしまう。日本の防衛については、日本は率先してやらないといけない条件になっている。米軍がやるわけじゃないのでしょうね。

——日米安保条約上はアメリカも日本を守ることになっていますが、台湾有事が起きて巻き込まれたら日本の目と鼻の先ですから、最初に自分の身を守る必要は出てくるのでしょうね。でも米軍と一緒になって南西諸島で共同訓練やって、中国を牽制している。虎の尾を踏みかねないことを進んでやるようになっています。

さて、最後から二つ目の質問です。法律家として現在の裁判所のあり方をどう考えますか。最高裁、高裁、地裁の順で序列があり、さらに最高裁事務総局が繰り出す不当な人事によって、司法が行政（内閣）に奉仕するための「しもべ」と成り下がっているように見えます。司法の独立を取り戻すためには何が必要なのか、お考えをお聞かせください。

全体として言えば裁判所も頑張っているところがある。人権を守る立場で頑張っているところがあるんですね。だから全部が悪いわけではない。政治的な問題、自衛隊の問題に関しての消極的な対応ですね。自衛隊を合憲だと言ったことはないですけども、明らかに違憲の法律、集団的自衛権を認めた法律が問われているのに、何ら意見を述べないのは許されないだろうなと私は思いますね。安保法制違憲訴訟の原告団のことを考えると、仙台高裁の判決について上告するかどうかを考えた際に、上告したら合憲判決が出るんじゃないかと。そう考えられるのは元裁判官としてしんどい。裁判所は信用されていないんだな、と。そういう意味でも「しもべ」になり下がったというか。独立を取り戻すために何が必要か、なかなか難しいことではあると思うのですが、裁判というのは人です。やっぱり人が変わっていかなければならない。もう一つは、裁判は理屈の世界だという面があるので、説得的な理屈とは何か、考えていかないといけない。それが法律家ですから。人を変えるのはなかなか難しいことで、いろんな人が裁判所に入っていくことが必要だと思います。

――以前から日本弁護士連合会は法曹一元化といって、裁判官になるには必ず弁護士の経験を積むべきだと主張しています。弁護士をやらないと一般の人の気持ちがわからないだろうということです。実際に韓国は法曹一元化されています。日本では進まないのでしょうか。

そうなんですよね。(原則として10年経験を積むと一人で裁判をすることが認められる)判事になるという判事補制度もなくならない。3年ごとの異動がある中で10年は長い。途中で辞める人も出るので、5年で一人で裁判できるようにした特例判事補という制度までつくったりして。裁判官のなり手不足の解消と法曹の交流は、どうすればよいのか難しい。例えば、一度、裁判官になり、数年で戻るとした時に弁護士事務所に席が確保されていればいいけど。また、裁判所に行っても、どこまでキャリアシステムの中に溶け込めるか。10年間裁判官をやったら、弁護士としてこのぐらいの格で迎えられるといったシステムがあれば、人事交流もできるんでしょう。それとね、裁判所の中に長いこといると、やっぱり、息が詰まってくる。裁判官をリフレッシュする必要があります。国内の大学でもいいから留学したり、他の職業を経験したりするという。判事補のころに他職種経験のため弁護士の事務所や新聞社で働く、というのは今でもある。20年も30年も同じ判事をやっていたら頭が痛くなってくるし、視野が狭くなる。それから人の付き合いがなくなる。何もいいことはない。

――官僚であれば、比較的若い世代に限られますけど、国内の大学への留学やアメリカ、イギリスの大学への留学を当たり前にしていますね。

裁判官も、今は行ってないんじゃないかと思うけど、若い時に海外のロースクールに行った人もいた。フルブライトの奨学金で行ったような時代かな。その研修そのものを最高裁が牛耳っていてね、自発的な研修が少ないんです。やっぱり良くない。

――ああ、なるほど。今日お話を聞いている中で、この判決に導くのに憲法に触れなくてもいいという風潮が出ているのは、最高裁から人事的な不利益を受けたくないという思いがあるからではないですか？

そういう人もいます。ただ、（イラク空輸訴訟という）憲法訴訟は、たまたま僕が最後に担当しただけのことでね……。

――いや、最近の安保法制違憲訴訟でも、訴訟指揮のありようで原告側の弁護団はわかる、この裁判長はけっこういけるんじゃないかと。そうすると、最近も現実にありましたが、突然、異動になったり、退官したりする。国にとって不利益な訴訟指揮だと判断されるだけで、人事的な不利益を被るんだという風評が流れています。

確かに。先ほどの１９７０年代前後の福島（重雄裁判長）さんの処遇が一番大きく影響していると は思います。本当に徹底しているなと思います。札幌地裁というのは有能な人が行くんです。しかし、長沼ナイキ訴訟で自衛隊違憲の判決を出した後、すぐ東京地裁に異動になった。それが手形部でした。手形部というのは憲法判断がないんです。

——明らかな左遷ですね。

その次に福島に行った。家庭裁判所なんですよね。そして福井に行ってもまた家裁なんですよ。

——平行移動しているだけで、上がっていっていない。

そう。家庭裁判所が悪いわけではないけれども、キャリアアップにはならない。そういうことはみんな知っているから……。

——一罰百戒みたいな脅しですね。最後の質問です。裁判官、弁護士を経験した法律家としてのご自身を振り返り、今どのような感想をお持ちでしょうか。また、これから弁護士としてどのような活動をするのか、お考えをお聞かせください。

僕はずっと一線の裁判官として仕事をしてきました。司法行政というのは、金沢地裁で所長をやったくらい。民事事件が多くて、行政とか労働とかをやった経験が少ない。裁判官は基本的には職人なんです。当事者の意見を聞いて事実を認定して、判決を書いている。細かいことにも目を配ってね。ほとんど政治的なことに携わることはない。憲法訴訟も時々ありますけど、多くは筋が悪くて、憲法のことを言わないと主張することがないような事件も多いわけです。裁判官としては憲法を守ろう、人権を守ろうという気持ちが強かった。振り返ると70年代、裁判所は、例えば逮捕拘留の事件を厳格審査しようという機運があり、東京地裁もそういう動きの中で改革が進む、そういう雰囲気があった。多くの裁判官も具体的な事実の中で考えていく、どんな小さい事件でも誠実にやっていこうという人が多かったと思います。そうするのが正義にかなうという感覚が出てくる。だから、客観的に言ったら小さな事件かもしれませんけど、当事者にとっては大切な事件ですし、その証拠を見ていくと、こっちが本当だろうな、こっちの人の言うのは本当だろうな、というのが繰り返し出てくる。その繰り返しが正義という感覚と一体化していくように思う。そういう意味では、裁判官はその職業的な特性を十分理解してほしい。裁判官は独立しておるわけですからね。

——だから、裁判官は自由に考えて、誰に臆することなく判決を出し続ければいいんですよね。今日お話しになったように、1万円の損害賠償訴訟は「憲法に触れてほしい」と思っている。その思いを裁判官がくみ取っていかなければいけないということですね。

1万円の訴訟で憲法判断を求める大きな原因は、日本に憲法裁判所がないことですよね。事件を離れて憲法判断することはできない。そこの理解の差なんですね。だから当事者は損害賠償請求という形を取っている。それをうさん臭いと言ってはいけない。

――その原告の思いをどう理解するかですね。なんで1万円くらいで大弁護団を組んで大げさにやるのか。イラク空輸違憲訴訟の原告団は3000人もいた。それで1万円。困難だけど、興味深い仕事ですね。

（裁判官を退官して）弁護士になって、安保法制違憲訴訟に関与したことが良かったなと思う。やっぱり実情がわかったというか、弁護士の活動もよくわかった。

――両方、わかりますね。裁判所の最近の態度と弁護士の活動と。どうも長時間ありがとうございました。

とても勉強になりました。

（2024年8月20日）

資料

名古屋高裁、イラク空輸訴訟の判決文

主文

1　本件控訴をいずれも棄却する。

2　控訴費用は控訴人らの負担とする。

事実及び理由

第1　当事者の求めた裁判

1　控訴人ら

（1）原判決を取り消す。

（2）別紙当事者目録別紙控訴人目録2記載の控訴人ら（以下「控訴人Aら」という。）の請求

ア　被控訴人は、イラクにおける人道復興支援活動及び安全確保支援活動の実施に関する特別措置法（以下「イラク特措法」という。）により、自衛隊をイラク及びその周辺地域並びに周辺海域に派遣してはならない。

イ　被控訴人がイラク特措法により、自衛隊をイラク及びその周辺地域に派遣したことは、違憲であることを確認する。

（3）控訴人ら全員（別紙当事者目録別紙控訴人目録1に記載）の請求被控訴人は、控訴人らそれぞれに対し、各1万円を支払え。

（4）訴訟費用は、第1、2審とも被控訴人の負担とする。

2　被控訴人

主文と同旨

第2　事案の概要

1　本件は、被控訴人がイラク特措法に基づきイラク及びその周辺地域に自衛隊を派遣したこと（以下「本件派遣」という。また、以下、イラク共和国及びその周辺地域のことを単に「イラク」ということがある。）は違憲であるとする控訴人らが、本件派遣によって平和的生存権ないしその一内容としての「戦争や武力行使をしない

日本に生存する権利」等（以下、一括して「平和的生存権等」ということがある。）を侵害されたとして、国家賠償法1条1項に基づき、各自それぞれ1万円の損害賠償を請求するとともに（以下「本件損害賠償請求」という。）、控訴人Aらにおいて、本件派遣をしてはならないこと（以下「本件差止請求」という。）及び本件派遣が憲法9条に反し違憲であることの確認（以下「本件違憲確認請求」という。）を求めた事案である。

　原判決は、控訴人Aらの本件差止請求及び本件違憲確認請求にかかる訴えは不適法であるとして訴えを却下し、控訴人らの本件損害賠償請求については請求を棄却したところ、控訴人らが控訴した。

2　前提事実（公知の事実、当裁判所に顕著な事実等）

（1）平成15年7月26日、第156回国会において、4年間の時限立法であるイラク特措法（平成15年法律第137号）が可決成立し、同年8月1日、公布、施行された。

（2）内閣は、平成15年12月9日、同法に基づく人道復興支援活動又は安全確保支援活動（以下「対応措置」という。）に関する基本計画（以下単に「基本計画」ということがある。）を閣議決定した。

（3）防衛庁長官（平成18年12月法律118号による改正以前。以下同様。）は、基本計画に従って、対応措置として実施される業務としての自衛隊による役務の提供について実施要項を定め、これについて内閣総理大臣の承認を得て、自衛隊に準備命令を発するとともに、航空自衛隊先遣隊に派遣命令を発して、これを同月26日からイラク、クウェート国（以下「クウェート」という。）へ派遣し、その後、陸上自衛隊に派遣命令を発して、これを平成16年1月16日からイラク南部ムサンナ県サマワに派遣するなど、自衛隊をイラクに派遣した。

（4）陸上自衛隊は、平成18年7月17日、サマワから完全撤退した。しかし、航空自衛隊は、その後、クウェートからイラクの首都バグダッド等へ物資・人員の空輸活動を継続している（平成18年8月に基本計画の一部変更を閣議決定）。

（5）平成19年6月20日、第166回国会において、イラクへの自衛隊派遣を2年間延長することを内容とする改正イラク特措法（平成19年法律第１０１号）が可決成立し、現在も航空自衛隊の空輸活動が行われている。

３　当事者の主張

別紙のとおり

第３　当裁判所の判断

１　当裁判所も、控訴人Ａらの本件違憲確認請求及び本件差止請求にかかる訴えはいずれも不適法であるから却下すべきであり、控訴人らの本件損害賠償請求はいずれも棄却すべきであると判断するが、その理由は以下のとおりである。

２　本件派遣の違憲性について

（1）認定事実

公知の事実、当裁判所に顕著な事実に加え、証拠（各箇所に掲記のもの）及び弁論の全趣旨を総合すれば、以下の事実が認められる。

ア　イラク攻撃及びイラク占領等の概要

（ア）平成15年3月20日、イラクのサダム・フセイン政権（以下「フセイン政権」という。）が大量破壊兵器を保有しており、その無条件査察に応じないことなどを理由として、国際連合（以下「国連」という。）の決議のないまま、アメリカ合衆国（以下「アメリカ」という。）軍、英国（グレートブリテン及び北アイルランド連合王国）軍を中心とする有志連合軍がイラクへの攻撃を開始した（以下、これを「イラク攻撃」という。）。

これにより、間もなくフセイン政権が崩壊し、同年5月2日、アメリカのブッシュ大統領がイラクにおける主要な戦闘の終結を宣言した。

（イ）フセイン政権の崩壊後、アメリカ国防総省・復興人道支援室（Office of Reconstruction and Humanitarian Assistance。以下「ＯＲＨＡ」と略称する。）がイラクを統治し、平成15年5月、国連の安全保障理事会（以下「安保理」という。）決議１４８３号（加盟国にイラクでの人道、復旧・復興支援並びに安定及び安全の回復への貢献を要請するもの）が採択されたことを受け、アメリカを中心とする連合国暫定当局（Coalition Provisional

Authority。以下「CPA」と略称する。）がORHAからイラクの統治を引き継いだ。

なお、イラク特措法は、この国連安保理決議1483号を踏まえ、イラクにおける人道復興支援活動及び安全確保支援活動を行うものとして（同法1条）、同年7月に制定されたものである。

（ウ）平成16年6月1日、イラク暫定政府が発足し、同月9日、国連安保理において決議1546号が全会一致で採択され（イラク暫定政府設立の是認、占領の終了及びイラクの完全な主権の回復の歓迎、国連の役割の明確化、多国籍軍の任務の明確化等を内容とする。）、同月28日には、CPAから主権移譲が行われた。これに伴い、多国籍軍が発足し、この多国籍軍に日本の自衛隊も参加することになった。

（エ）その後、平成17年1月30日、イラク暫定国民議会の議員を選出する選挙が実施され、同年4月28日、移行政府が発足した。同年8月28日、イラク国民議会でイラク新憲法草案が採択され、同年10月15日に同憲法草案の国民投票が実施され、同月25日までの開票の結果、これが承認された。同年12月15日、新憲法下でイラク国民議会の選挙が実施され、平成18年5月20日には、イラクにイスラム・シーア派（以下単に「シーア派」という。）のマリキ首相を首班とする正式政府が発足して、これによりイラクは主権を回復した。しかし、その後も、イラク政府の要請により、多国籍軍がイラクに駐留している。

（オ）もっとも、当初のイラク攻撃の大義名分とされたフセイン政権の大量破壊兵器は、現在に至るまで発見されておらず、むしろこれが存在しなかったものと国際的に理解されており、平成17年12月には、ブッシュ大統領自身も、大量破壊兵器疑惑に関する情報が誤っていたことを認めるに至っている。

（カ）イラク攻撃開始当初の有志連合軍及びCPAからの主権委譲後の多国籍軍に参加したのは、最大41か国であり、いわゆる大国のうち、フランス共和国、ロシア連邦、中華人民共和国、ドイツ連邦共和国等は加わっておらず、イラク攻撃への国際的な批判が高まる中、参加国も次々と撤収し、現在（当審における口頭弁論終結時）の参加国は、アメリカ、英国及び我が国を含めて21か国となっている。

イ　イラク各地における多国籍軍の軍事行動

(ア) ファルージャ

イラク中部のファルージャでは、平成16年3月、アメリカ軍雇用の民間人4人が武装勢力に惨殺されたことから、同年4月5日、武装勢力掃討の名の下に、アメリカ軍による攻撃が開始され、同年6月以降は、間断なく空爆が行われるようになった。

同年11月8日からは、ファルージャにおいて、アメリカ軍兵士4000人以上が投入され、クラスター爆弾並びに国際的に使用が禁止されているナパーム弾、マスタードガス及び神経ガス等の化学兵器を使用して、大規模な掃討作戦が実施された。残虐兵器といわれる白リン弾が使用されたともいわれる。これにより、ファルージャ市民の多くは、市外へ避難することを余儀なくされ、生活の基盤となるインフラ設備・住宅は破壊され、多くの民間人が死傷し、イラク暫定政府の発表によれば、死亡者数は少なく見積もって2080人であった。

(以上、甲B5の6、7の2、8の1ないし11、9の1ないし11、13の5・11、36、160)

(イ) 首都バグダッド

a　平成16年6月のイラク暫定政府発足後、首都バグダッドにおいて、政府高官を狙った自爆攻撃等が相次いで多数の者が死傷し、武装勢力による多国籍軍に対する攻撃も相次ぎ、同月27日及び同年7月末、いずれもバグダッド空港離陸直後にC130輸送機が銃撃を受け、アメリカ人とオーストラリア人の乗組員2人が死亡した。また、平成17年1月30日には、バグダッド近郊を低空で飛行していた英国軍のC130輸送機が、武装勢力(アンサール・イスラム＝イスラムの支援者が実行の声明を発したが、実際はイスラム・スンニ派(以下単に「スンニ派」という。)の武装組織ともいわれる。)により撃墜され、乗員全員(少なくとも10人)が死亡する事件が生じた。さらに、バグダッドでは、多国籍軍と武装勢力との衝突が頻繁に生じていた。

このような事態を受けて、多国籍軍は、バグダッドにおいて、武装勢力に対する大規模な掃討作戦を展開するに至った。

b　平成17年5月29日、アメリカ軍約1万人、イラク軍約4万人を動員して大規模な掃討作戦が行われた。しかし、武装勢力を掃討することはできず、却ってバグダッドの治安が悪化した。そこで、多国籍軍は、バグダッド及びその周辺における掃討作戦を強化させ、平成18年8月からはアメリカ兵約1万5000人をバグダッドに集中させて、掃討作戦を行うなどした。

c　多国籍軍は、バグダッド市内において、宗派対立等による武装勢力同士の衝突が激しくなったことを受けて、平成18年末ころからこれらに対する掃討作戦を実施して、その回数を増やし、アメリカ軍もこのころイラク駐留軍を増派した。アメリカ軍は、平成19年1月22日、イラク治安部隊と共同で行った過去45日間の掃討作戦の結果を発表したが、この発表によれば、シーア派民兵に対して52回、スンニ派民兵に対して42回の掃討作戦を実施し、シーア派の強行派といわれるムクタダ・サドル師派（以下「サドル師派」という。）の民兵600人を拘束したものであった。同月24日には、バグダッド中心部のハイファ通りでスンニ派に対して猛攻撃を加え、同日だけで30人を殺害した。

d　同年2月14日、アメリカ軍は、イラク治安部隊とともに、合計9万人を投入して、イラク戦争開始以来最大規模の作戦といわれ「法の執行作戦」と名付けられた掃討作戦をバグダッドにおいて実施し、多数の一般市民が犠牲となった。

e　アメリカ軍は、同年8月8日、バグダッドのシーア派居住区であるサドル・シティを空爆し、イランからの爆弾輸送に関与していた武装勢力30人を殺害したと発表したが、イラク警察は、女性や子どもを含む11人が死亡したと発表している。同年9月6日には、バグダッドのマンスール地区を空爆したが、その中でもサドル師派の民兵が活動し、シーア派住民が多いワシャシュ地域を攻撃し、少なくとも14人が死亡した。同年10月21日には、サドル・シティを攻撃し、市民13人が死亡した。

f　このように、アメリカ軍を中心とする多国籍軍は、時にイラク軍等と連携しつつ掃討作戦を行い、特に平成19年に入ってから、バグダッド及びその周辺において、たびたび激しい空爆を行い、同年中にイラクで実施した空爆は、合計1447回に上り、これは前年の平成18年の約6倍の回数となるものであった。

g　アメリカ軍は、平成20年1月8日から、イラク軍とともに、イラク全土で大規模な軍事作戦「ファントム・フェニックス」を開始し、同月10日からは、その一環として、バグダッド南郊において大規模な集中爆撃を行い、40箇所に爆弾を投下した。
（以上、甲Ｂ21の5、143の1・7・10、146、156の1の1、156の4・5）

（ウ）その他の地域

多国籍軍は、平成16年中に、イラク国内のマハムディヤ、マッサーラ、ラマディ、モスル等において、1000人規模の兵士を投入した掃討作戦を実施した。特に、モスルでは、同年11月14日から、大規模な掃討作戦を実施し、平成17年1月8日、アメリカ軍のＦ16戦闘機が500トンの爆弾を投下し、民家を爆撃して住民5人が死亡した。

多国籍軍は、平成17年には、カイム、ハディーサ、タルアファル等において、大規模な掃討作戦を実施し、同年9月10日のタルアファルでの攻撃にはアメリカ軍及びイラク治安部隊併せて約8500人が動員された。同年10月16日、スンニ派の地域といわれるラマディにおいて空爆を行い、武装勢力70人を殺害したと発表したが、実際は少なくとも39人が一般市民であったとも報じられている。

平成19年8月には、アメリカ軍がイラク中部のサマラにおいて、武装勢力からの攻撃を受けた後に民家をミサイルで爆撃し、女性2人、子ども5人が死亡した。
（以上、甲Ｂ21の5、22の1ないし3、35の1・3・5ないし9・14ないし16、38の1、143の9）

ウ　武装勢力について

（ア）ところで、多国籍軍による上記のような掃討作戦の対象となったことがあると認められる武装勢力には、思想や宗派を問わず様々なものがあるが、有力な武装勢力として、少なくとも次のものが認められ、互いに協力又は対立の関係に立ちつつ、時として海外の諸勢力から援助を受けつつ、その活動を行っているものと認められる。

ａ　フセイン政権の残党

平成15年5月のブッシュ大統領による主要な戦闘終結宣言の後にも、イラク国内には、旧フセイン政権の軍人等からなる反政府武装勢力が残存しており、その実体は不明な点が多いが、海外に拠点を置きつつ、イラク国内においてゲリラ戦を行っているとみられる。平成16年4月及び同年11月になされたファルージャにおける掃討作戦では、実はこの反政府武装勢力が対象であったともいわれており、現在も、スンニ派の一部と連携し、バグダッド市内の一部を実質支配していると見られている。

b　シーア派のサドル師派

フセイン政権崩壊後、シーア派強硬派のムクタダ・サドル師が率いる民兵組織「マフディー軍」が、各地で多国籍軍と武力衝突しており、特に、イラク中部のナジャフにおいて、平成16年8月、戦車やヘリコプターを用いた大規模な武力衝突が生じたとされている。サドル師派においては、社会福祉事業、交通警備等の公共事業の場で自発的に労働する150万人のイラク人を動員できるとの報告もあり、日本においても、同年4月の時点で、内閣法制局が、当時の福田内閣官房長官に対し、マフディー軍を「国に準じるもの」に該当する旨報告していた。

なお、シーア派には、フセイン政権時代から反フセイン・ゲリラ部隊を有しており、現在はマリキ政権を支える最大組織「イラク・イスラム革命最高評議会」があり、サドル師派との間で宗派内対立の状況にある。

c　スンニ派武装組織

シーア派に対抗するスンニ派にも反米、反占領を掲げる武装組織があり、特に、その中のアンサール・アル・スンナ軍は、イラク西部のラマディやヒートを中心とするスンニ派住民の多いアンバル州一帯を拠点とし、アメリカ軍やイラク軍に兵器で敵対するほか、シーア派やクルド人を襲撃するなどの過激な武力闘争を展開している。平成17年5月に日本人を拘束したのも、アンサール・アル・スンナ軍であるといわれている。

（以上、甲B17の4の1・2、19の1・2、21の2・4）

（イ）武装勢力の兵員数について

イラクにおいて反政府武装勢力とされる者らの人数は、平成15年11月に5000人、16年11月に2万人、17年11月に2万人、18年11月に2万5000人、シーア派民兵の数は、平成15年11月に5000人、16年11月に1万人、17年11月に2万人、18年11月に5万人といわれ、年々増加している。

（甲B113）

（ウ）武装勢力の用いたとされる強力兵器について

現地においては、次のような内容の報道がなされている（なお、以下の武器を使用したとされるのが、具体的にどの武装勢力であるかは、証拠上必ずしも明らかではない。）。

a　ファルージャにおける平成16年11月の掃討作戦においては、武装勢力の側においても、多連型カチューシャ・ロケットの架台を積んだ車両を用い、ファルージャに近いカルマとサクラーウィーヤにおいて、グラーダやリーリク・ミサイル約１６０発をアメリカ軍の集結地に発射した。

b　平成16年11月21日午前8時15分ころ、バグダッドの北方のバラドにあり、アメリカ兵２５００人が駐留するバクルアメリカ軍基地に、化学物質の弾頭を装備したロケット弾4発を打ち込まれ、アメリカ兵２７０人以上が死亡した。抵抗勢力は、過去にもハバーニーヤ、ハドバ、ラマディ、モスル、ドウェイリバの各アメリカ軍基地の攻撃に化学兵器を使用した。

c　イスラム抵抗勢力の報道官は、平成16年12月15日、ファルージャにおいて敗走するアメリカ兵を、軽火器とＢＫＳ、クラシニコフ銃、ＲＢＧ携行型ロケットを遣って追撃した、本日少なくとも５００人のアメリカ兵を殺害し、１００両以上の戦車と装甲車を破壊したと述べた。

（以上、甲Ｂ９の１・６・11）

エ　宗派対立による武力抗争

（ア）平成18年2月、スンニ派のテロ組織がシーア派聖地サーマッラーのアスカリ廟を爆破し、シーア派・スンニ派の両派が抗議デモを起こしたが、聖廟破壊に怒ったシーア派武装勢力がスンニ派のモスクなどを襲撃して衝突し、２００人以上が死亡する事件が起こった。

（イ）平成18年11月ころには、首都バグダッドでシーア派とスンニ派との対立が激化し、街を二分して双方から迫撃砲が飛び交う状況となり、マフディ軍がスンニ派地区へ迫撃砲を同月初旬の1週間に47発撃ち込み、スンニ派武装勢力のイラク・イスラム軍が、シーア派地区に迫撃砲44発、ロシア製ミサイル4発を打ち込んだ。

また、同月から12月にかけて、バグダッドのシーア派地区で連続爆弾テロが発生し、マフディ軍が治安維持に乗り出してテロは収まったものの、アメリカ軍がマフディ軍をアルカイダ以上の脅威とみなして、本格的に掃討を進め、民兵600人と幹部16人を拘束した。そこで、平成19年1月になってマフディ軍が一時活動を停止したところ、その隙を狙ってスンニ派の武装勢力がシーア派地区で爆弾テロを繰り返し、同年2月3日、バグダッドの市場でテロが発生し、135人の死者が出た。

(ウ) フセイン政権下では、暴力的な宗派対立は殆どなかったが、フセイン政権の崩壊により重しが取れ、占領政策の稚拙さとも相俟って、上記のような武力抗争を伴う激しい宗派対立が生じるようになったものといわれており、多国籍軍はこれらに対応せざるを得ず、前記のとおり、特に平成19年になってから、バグダッド等の都市への掃討作戦が一層激しくなったものと理解される。

(以上、甲B47、114、125、158の1)

オ　多数の被害者

(ア) イラク人

世界保健機関（WHO）は、平成18年11月9日、イラク戦争開始以来、イラク国内において戦闘等によって死亡したイラク人の数が15万1000人に上ること、最大では22万3000人に及ぶ可能性もあることを発表し、イラク保健省も、このころ、アメリカ軍侵攻後のイラクの死者数が10万人から15万人に及ぶと発表した。なお、平成18年10月12日発行の英国の臨床医学誌ランセットは、横断的集落抽出調査の結果を基にして、イラク戦争開始後から平成18年6月までの間のイラクにおける死者が65万人を超える旨の考察を発表している。

平成19年の死亡者については、NGO「イラク・ボディ・カウント」が同年中の民間人犠牲者数は約2万4000人に上っていると発表した。イラク政府発表の死亡者数も、同年6月1241人、同年7月1652人、同年8月1771人であることからして、上記約2万4000人という死亡者数は信憑性が高いといわれている。

また、イラクの人口の約7分の1にあたる約400万人が家を追われ、シリアには150万人ないし200万人、ヨルダンには50万人ないし75万人が難民として流れ、イラク国内の避難民は200万人以上になるといわれている。

(甲B42の1・2、142の2・3、156の3、158の3)

(イ)アメリカ軍の兵員等
平成19年8月の時点で多国籍軍の兵士の死者数が4000人を超えたと報道され、アメリカ国防総省の発表によれば、イラク戦争開始以来現在までのアメリカ軍の死亡者は、約4000人であり、重傷者は1万3000人を超えている。特に、平成19年に死亡した米軍兵士は、同年11月の時点で852人に上り、それまで最も多かった平成16年の849人を超えて、過去最高となっている。

(甲B142の2、143の8、156の1の2)

カ　戦費・兵員数
イラク攻撃開始後、イラク駐留アメリカ軍の兵員数は概ね13万人から16万人の間で推移しており、アメリカのイラクにおける戦費は4400億ドルに達する見込みであり、イラク関連の歳出としてはベトナム戦争の戦費(貨幣価値換算で約5700億ドル)を上回ったともいわれている。

キ　航空自衛隊の空輸活動
(ア)輸送機について
航空自衛隊は、イラクにおける輸送活動にC－130H輸送機3機を用いているが、これはアメリカ軍が開発したパラシュート部隊のための輸送機であり、その輸送能力については、完全武装の空挺隊員(パラシュート隊員)64人を輸送することが可能であり、物資については最大積載量が約20トンである。

(甲B10(平成17年3月14日参議院予算委員会におけるB政府参考人の答弁、同大野防衛庁長官の答弁)、57)

(イ)フレアの装備と事前訓練
後記のとおり、現在、航空自衛隊のC－130H輸送機は、バグダッド空港への輸送活動を行っているが、飛行の際に地対空ミサイルを回避するための兵器であるフレア(火炎弾)を臨時装備しており(フレアは制式兵器ではない。)、イラクへの出発前、硫黄島においてフレア訓練を実施しており、実際にバグダッド空港での離着陸時にフレアが自動発射されている。(甲B46、57、141の2、147、161、当審におけるC証人)

(ウ)空輸活動についての多国籍軍との連携
航空自衛隊は、C－130H輸送機3機の空輸活動にあたり、中東一帯の空輸調整を行うカタール国(以下

「カタール」という。）のアメリカ中央軍司令部に空輸計画部を設置し、アメリカ軍や英国軍と機体のやりくりを調整して飛行計画を立て、クウェートのアリ・アルサレム空港（アメリカ空軍基地）を拠点とする上記3機に任務を指示している。

（甲B145）

（エ）平成18年7月ころ（陸上自衛隊のサマワ撤退時）までの空輸状況

航空自衛隊のC－130H輸送機は、平成16年3月2日から物資人員の輸送を行っているところ、クウェートのアリ・アルサレム空港からイラク南部のタリルまで、週に4回前後、物資のほかアメリカ軍を中心とする多国籍軍の兵員を輸送した。その数量は、平成17年3月14日までに、輸送回数129回、輸送物資の総量230トン、平成18年5月末までに、輸送回数322回で、輸送物資の総量449・2トン、同年8月4日までに、輸送回数352回、輸送物資の総量479・4トンとなる。したがって、輸送の対象のほとんどは、人道復興支援のための物資ではなく、多国籍軍の兵員であった。（甲B10（平成17年3月14日参議院予算委員会における大野防衛庁長官の答弁）、43、62の9、78（平成18年8月11日衆議院特別委員会におけるD政府参考人の答弁）、118）

（オ）平成18年7月から現在までの空輸状況

航空自衛隊のイラク派遣当初は、首都バグダッドは安全が確保されないとの理由で、バグダッドへは物資人員の輸送は行われなかったが、陸上自衛隊のサマワ撤退を機に、アメリカからの強い要請により、航空自衛隊がバグダッドへの空輸活動を行うことになり、平成18年7月31日、航空自衛隊のC－130H輸送機が、クウェートのアリ・アルサレム空港からバグダッド空港への輸送を開始した。以後、バグダッドへ2回、うち1回は更に北部のアルビルまで、タリルへは2回、それぞれ往復して輸送活動をするようになり、その後、週4回から5回、定期的にアリ・アルサレム空港からバグダッド空港への輸送を行っている。

平成18年7月から平成19年3月末までの輸送回数は150回、輸送物資の総量は46・5トンであり、そのうち国連関連の輸送支援として行ったのは、輸送回数が25回で、延べ706人の人員及び2・3トンの事務所維持関連用品等の物資を輸送しており（平成19年4月24日衆議院本会議における安倍首相の答弁）、それ以外の大多数は、武装した多国籍軍（主にアメリカ軍）の兵員であると認められる。

（甲B37、43、62の9、78、１２３、１３４、１４１の１・５）

（カ）政府の情報不開示と政府答弁

ａ　政府は、国会において、航空自衛隊の輸送内容について、多国籍軍や国連からの要請により、これを明らかにすることができないとしており（平成19年5月11日、同月14の衆議院イラク特別委員会における久間防衛大臣の答弁）、行政機関の保有する情報の公開に関する法律により国民からなされた行政文書開示請求に対しても、顕微鏡・心電図・保育器などの医療機器を空輸した1件（甲B18の2、1枚目）以外は、全て黒塗りの文書を開示するのみで、航空自衛隊の輸送内容を明らかにしない。（甲B18の2、34、44、１１０）

ｂ　他方で、久間防衛大臣は、国会において、「実は結構危険で工夫して飛んでいる」（平成19年5月14日衆議院イラク特別委員会）、「刃の上で仕事しているようなもの」（同年6月5日参議院外交防衛委員会）、「バグダッド空港の中であっても、外からロケット砲等が撃たれる、迫撃砲等に狙われるということもあり、そういう緊張の中で仕事をしている」、「クウェートから飛び立ってバグダッド空港で降りる、バグダッド空港から飛び立つときにも、ロケット砲が来る危険性と裏腹にある」（同月7日参議院外交防衛委員会）、「飛行ルートの下で戦闘が行われているときは上空を含め戦闘地域の場合もあると思う」（同月19日参議院外交防衛委員会）、などと答弁している。

（2）憲法9条についての政府解釈とイラク特措法

ア　自衛隊の海外活動に関する憲法9条の政府解釈は、自衛のための必要最小限の武力の行使は許されること（昭和55年12月5日政府答弁書）、武力の行使とは、我が国の物的・人的組織体による国際的な武力紛争の一環としての戦闘行為をいうこと（平成3年9月27日衆議院ＰＫＯ特別理事会提出の政府答弁）を前提とした上で、自衛隊の海外における活動については、

①武力行使目的による「海外派兵」は許されないが、武力行使目的でない「海外派遣」は許されること（昭和55年10月28日政府答弁書）、

②他国による武力の行使への参加に至らない協力（輸送、

補給、医療等）については、当該他国による武力の行使と一体となるようなものは自らも武力の行使を行ったとの評価を受けるもので憲法上許されないが、一体とならないものは許されること（平成9年2月13日衆議院予算委員会における大森内閣法制局長官の答弁）、③他国による武力行使との一体化の有無は、〈ア〉戦闘活動が行われているか又は行われようとしている地点と当該行動がなされる場所との地理的関係、〈イ〉当該行動の具体的内容、〈ウ〉他国の武力行使の任に当たる者との関係の密接性、〈エ〉協力しようとする相手の活動の現況、等の諸般の事情を総合的に勘案して、個々的に判断されること（上記大森内閣法制局長官の答弁）、を内容とするものである。

イ　そして、イラク特措法は、このような政府解釈の下、我が国がイラクにおける人道復興支援活動又は安全確保支援活動（以下「対応措置」という。）を行うこと（1条）、対応措置の実施は、武力による威嚇又は武力の行使に当たるものであってはならないこと（2条2項）、対応措置については、我が国領域及び現に戦闘行為（国際的な武力紛争の一環として行われる人を殺傷し又は物を破壊する行為）が行われておらず、かつ、そこで実施される活動の期間を通じて戦闘行為が行われることがないと認められる一定の地域（非戦闘地域）において実施すること（2条3項）を規定するものと理解される。

ウ　政府においては、ここにいう「国際的な武力紛争」とは、国又は国に準ずる組織の間において生ずる一国の国内問題にとどまらない武力を用いた争いをいうものであり（平成15年6月26日衆議院特別委員会における石破防衛庁長官の答弁）、戦闘行為の有無は、当該行為の実態に応じ、国際性、計画性、組織性、継続性などの観点から個別具体的に判断すべきものであること（平成15年7月2日衆議院特別委員会における石破防衛庁長官の答弁）、全くの犯罪集団に対する米英軍等による実力の行使は国際法的な武力紛争における武力の行使ではないが（平成15年6月13日衆議院外務委員会におけるE内閣法制局第二部長の答弁、同年7月2日衆議院イラク特別委員会、同月10日参議院外交防衛委員会における秋山内閣法制局長官の答弁）、個別具体的な事案に即して、当該行為の主体が一定の政治的な主張を有し、国際的な紛争の当事者たり得る実力を有する相応の組織や軍事的実力を有する組織体であって、その主体の意思に基づいて破壊活動が行われていると判断されるような場合には、その行為が国に準ずる組織によるものに当たり得ること（上記秋山内閣法制局長官の答弁）、国内治安問題にとどまるテロ行為散発的な発砲や小規模な襲撃などのような、組織性、計画性、継続性が明らかでない偶発的なものは、全体として国又は国に準ずる組織の意思に基づいて遂行されているとは認められず、戦闘行為には当たらないこと、国又は国に準ずる組織についての具体例として、フセイン政権の再興を目指し米英軍に抵抗活動を続けるフセイン政権の残党というものがあれば、これに該当することがあるが、フセイン政権の残党であったとしても、日々の生活の糧を得るために略奪行為を行っているようなものはこれに該当しないこと（平成15年7月2日衆議院特別委員会における石破防衛庁長官の答弁）、非戦闘地域イコール安全な地域を意味するわけではなく、米軍が指定するコンバットゾーンが戦闘地域と同義でもないこと（平成15年6月25日衆議院特別委員会における石破防衛庁長官の答弁、平成18年8月11日衆議院特別委員会における麻生外務大臣の答弁・甲B77の2）、等の見解が示されている。

(3) 以上を前提として検討するに、前記認定事実によれば、平成15年5月になされたブッシュ大統領による主要な戦闘終結宣言の後にも、アメリカ軍を中心とする多国籍軍は、ファルージャ、バグダッド、ラマディ等の各都市において、多数の兵員を動員して、時に強力な爆弾、化学兵器、残虐兵器等を用い、あるいは戦闘機で激しい空爆を繰り返すなどして、武装勢力の掃討作戦を繰り返し行い、武装勢力の側も、時としてこれに匹敵する強力な兵器を用い、あるいは相応の武器を用いて応戦し、その結果、双方に多数の死者が出るなどしてきているのみならず、子どもたちを含む民間人を多数死傷させ、民家を破壊し、都市機能を失わせ、多数の者が難民となって近隣諸国へ流出することを余儀なくさせるなどの重大かつ深刻な被害を生じさせているものである。そして、これら掃討作戦の標的となったと認められるフセイン政権の残党、シーア派のマフディ軍、スンニ派の過激派等の各武装勢力は、いずれも、単に、散発的な発砲や小規模な襲撃を行うにすぎない集団ではなく、日々の生活の糧を得るために略奪行為を行うような盗賊等の犯罪者集団であるともいえず、その全ての実体は明らかでないものの、海外の諸勢力からもそれぞれ援助を受け、その後ろ盾を得ながら、アメリカ軍の駐留に反対する等の一定の政治的な目的を有していることが認められ、千人、万人単位の人員を擁し、しかもその数は年々増えており、相応の兵力を保持して、組織的かつ計画的に多国籍軍に抗戦し、イラク攻撃開始後5年を経た現在まで、継続してこのような抗戦を続けていると認められる。したがって、これらを抑圧しようとする多国籍軍の活動は、単なる治安活動の域を超えたものであって、少なくとも現在、イラク国内は、イラク攻撃後に生じた宗派対立に根ざす武装勢力間の抗争がある上に、各武装勢力と多国籍軍との抗争があり、これらが複雑に絡み合って泥沼化した戦争の状態になっているものということができる。このことは、アメリカ軍がこの5年間に13万人から16万人もの多数の兵員を常時イラクに駐留させ、ベトナム戦争を上回る戦費を負担し、単発で非組織的な自爆テロ等による被害も含むとはいえ、双方に多数の死傷者を続出させながら、なお未だ十分に治安の回復がなされていないことに徴しても明らかである。

以上のとおりであるから、現在のイラクにおいては、多国籍軍と、その実質に即して国に準ずる組織と認められる武装勢力との間で一国国内の治安問題にとどまらない武力を用いた争いが行われており、国際的な武力紛争が行われているものということができる。とりわけ、首都バグダッドは、平成19年に入ってからも、アメリカ軍がシーア派及びスンニ派の両武装勢力を標的に多数回の掃討作戦を展開し、これに武装勢力が相応の兵力をもって対抗し、双方及び一般市民に多数の犠牲者を続出させている地域であるから、まさに国際的な武力紛争の一環として行われる人を殺傷し又は物を破壊する行為が現に行われている地域というべきであって、イラク特措法にいう「戦闘地域」に該当するものと認められる。

なお、現在にまで及ぶ多国籍軍によるイラク駐留及び武装勢力との戦闘は、それがイラク政府の要請に基づくものであり、国連の理解ないし支持を得たものであるとしても（前記安保理決議１４８３号、１５４６号等）、平成15年3月に開始されたイラク攻撃及びこれによってもたらされた宗派対立による混乱が未だ実質的には収束していないことの表れであるといえることや、現在のイラク政府が単独でこれら武装勢力と対抗することができないため、現在も敢えて外国の兵力である多国籍軍の助力を得ているものと理解できることに鑑みれば、多国籍軍と武装勢力との間のイラク国内における戦闘は、実質的には当初のイラク攻撃の延長であって、外国勢力である多国籍軍対イラク国内の武装勢力の国際的な戦闘であるということができ、この点から見ても、現在の戦闘状況は、国際的な紛争であると認められる。

しかるところ、その詳細は政府が国会に対しても国民に対しても開示しないので不明であるが、航空自衛隊は、前記認定のとおり、平成18年7月ころ以降バグダッド空港への空輸活動を行い、現在に至るまで、アメリカが空挺隊員輸送用に開発したC－130H輸送機3機により、週4回から5回、定期的にアリ・アルサレム空港からバグダッド空港へ武装した多国籍軍の兵員を輸送していること、これは陸上自衛隊のサマワ撤退を機にアメリカからの要請でなされているものであり、アメリカ軍はこの輸送時期と重なる平成18年8月ころバグダッドにアメリカ兵を増派し、同年末ころから、バグダッドにおける掃討作戦を一層強化していること、それ以前の空輸活動がカタールのアメリカ中央軍司令部において、アメリカ軍や英国軍と機体のやりくりを調整し飛行計画を立ててなされているものであり、平成18年7月以後も同様にアメリカ軍等との調整の上で空輸活動がなされているものと推認されること、C－130H輸送機には、地対空ミサイルによる攻撃を防ぐため のフレアが装備され、これが事前訓練を経た上で、実際にバグダッド空港での離着陸時に使用されていること、バグダッド空港はアメリカ軍が固く守備をしているとはいえ、その中にあっても、あるいは離着陸時においても、現実的な攻撃の危険性がある旨防衛大臣が答弁していること、航空自衛隊が多国籍軍の武装兵員を輸送するに際し、バグダッドでの掃討作戦等の武力行使に関与しない者に限定して輸送している形跡はないことが認められる。これらを総合すれば、航空自衛隊の空輸活動は、それが主としてイラク特措法上の安全確保支援活動の名目で行われているものであり、それ自体は武力の行使に該当しないものであるとしても、多国籍軍との密接な連携の下で、多国籍軍と武装勢力との間で戦闘行為がなされている地域と地理的に近接した場所において、対武装勢力の戦闘要員を含むと推認される多国籍軍の武装兵員を定期的かつ確実に輸送しているものであるということができ、現代戦において輸送等の補給活動もまた戦闘行為の重要な要素であるといえることを考慮すれば（甲B161、当審におけるC証人）、多国籍軍の戦闘行為にとって必要不可欠な軍事上の後方支援を行っているものということができる。

したがって、このような航空自衛隊の空輸活動のうち、少なくとも多国籍軍の武装兵員をバグダッドへ空輸するものについては、前記平成9年2月13日の大森内閣法制局長官の答弁に照らし、他国による武力行使と一体化した行動であって、自らも武力の行使を行ったと評価を受けざるを得ない行動であるということができる。

（4）よって、現在イラクにおいて行われている航空自衛隊の空輸活動は、政府と同じ憲法解釈に立ち、イラク特措法を合憲とした場合であっても、武力行使を禁止したイラク特措法2条2項、活動地域を非戦闘地域に限定した同条3項に違反し、かつ、憲法9条1項に違反する活動を含んでいることが認められる。

3　本件差止請求等の根拠とされる平和的生存権について

憲法前文に「平和のうちに生存する権利」と表現される平和的生存権は、例えば、「戦争と軍備及び戦争準備によって破壊されたり侵害ないし抑制されることなく、恐怖と欠乏を免れて平和のうちに生存し、また、そのように平和な国と世界をつくり出していくことのできる核時代の自然権的本質をもつ基本的人権である。」などと定義され、控訴人らも「戦争や武力行使をしない日本に生存する権利」、「戦争や軍隊によって他者の生命を奪うことに加担させられない権利」、「他国の民衆への軍事的手段による加害行為と関わることなく、自らの平和的確信に基づいて平和のうちに生きる権利」、「信仰に基づいて平和を希求し、すべての人の幸福を追求し、そのために非戦・非暴力・平和主義に立って生きる権利」などと表現を異にして主張するように、極めて多様で幅の広い権利であるということができる。

このような平和的生存権は、現代において憲法の保障する基本的人権が平和の基盤なしには存立し得ないことからして、全ての基本的人権の基礎にあってその享有を可能ならしめる基底的権利であるということができ、単に憲法の基本的精神や理念を表明したに留まるものではない。法規範性を有するというべき憲法前文が上記のとおり「平和のうちに生存する権利」を明言している上に、憲法9条が国の行為の側から客観的制度として戦争放棄や戦力不保持を規定し、さらに、人格権を規定する憲法13条をはじめ、憲法第3章が個別的な基本的人権を規定していることからすれば、平和的生存権は、憲法上の法的な権利として認められるべきである。そして、この平和的生存権は、局面に応じて自由権的、社会権的又は参政権的な態様をもって表れる複合的な権利ということができ、裁判所に対してその保護・救済を求め法的強制措置の発動を請求し得るという意味における具体的権利性が肯定される場合があるということができる。例えば、憲法9条に違反する国の行為、すなわち戦争の遂行、武力の行使等や、戦争の準備行為等によって、個人の生命、自由が侵害され又は侵害の危機にさらされ、あるいは、現実的な戦争等による被害や恐怖にさらされるような場合、また、憲法9条に違反する戦争の遂行等への加担・協力を強制されるような場合には、平和的生存権の主として自由権的な態様の表れとして、裁判所に対し当該違憲行為の差止請求や損害賠償請求等の方法により救済を求めることができる場合があると解することができ、その限りでは平和的生存権に具体的権利性がある。

なお、「平和」が抽象的概念であることや、平和の到達点及び達成する手段・方法も多岐多様であること等を根拠に、平和的生存権の権利性や、具体的権利性の可能性を否定する見解があるが、憲法上の概念はおよそ抽象的なものであって、解釈によってそれが充填されていくものであること、例えば「自由」や「平等」ですら、その達成手段や方法は多岐多様というべきであることからすれば、ひとり平和的生存権のみ、平和概念の抽象性等のためにその法的権利性や具体的権利性の可能性が否定されなければならない理由はないというべきである。

4　控訴人らの請求について

（1）控訴人Aらの本件違憲確認請求について

民事訴訟制度は、当事者間の現在の権利又は法律関係をめぐる紛争を解決することを目的とするものであるから、確認の対象は、現在の権利又は法律関係でなければならない。しかし、本件違憲確認請求は、ある事実行為が抽象的に違法であることの確認を求めるものであって、およそ現在の権利又は法律関係に関するものということはできないから、同請求は、確認の利益を欠き、いずれも不適法というべきである。

（2）控訴人Aらの本件差止請求について

ア　民事訴訟としての適法性

イラク特措法は、対応措置を実施するための具体的手続として、①内閣総理大臣が対応措置の実施及び基本計画案につき閣議の決定を求めること（4条1項、基本計画の変更の場合も同様。同条3項）、②当該対応措置について国会の承認を求めなければならないこと（6条1項）、③防衛大臣は対応措置についての実施要項を定め、内閣総理大臣の承認を得た上で、自衛隊の部隊等にその実施を命ずること（8条2項。実施要項の変更の場合も同様。同条9項）を規定しているところ、これら規定からすれば、イラク特措法による自衛隊のイラク派遣は、イラク特措法の規定に基づき防衛大臣に付与された行政上の権限による公権力の行使を本質的内容とするものと解されるから、本件派遣の禁止を求める本件差止請求は、必然的に、防衛大臣の上記行政権の行使の取消変更又はその発動を求める請求を包含するものである。そうすると、このような行政権の行使に対し、私人が民事上の給付請求権を有すると解することはできないことは確立された判例であるから（最高裁昭和56年12月16日大法廷判決・民集35巻10号1369頁等参照）、本件差止請求にかかる訴えは不適法である。

イ　行政事件訴訟（抗告訴訟）としての適法性

そこで、仮に、本件差止請求にかかる訴えが、行政事件訴訟（抗告訴訟）として提起されたものと理解した場合について検討する。

本件派遣は、前記のとおり違憲違法な活動を含むものであり、関係各証拠によれば、本件派遣が控訴人Aらに大きな衝撃を与えたものであることは認められる。しかしながら、本件派遣は控訴人Aらに対して直接向けられたものではなく、本件派遣によっても、日本において控訴人Aらの生命、自由が侵害され又は侵害の危機にさらされ、あるいは、現実的な戦争等による被害や恐怖にさらされ、また、憲法9条に違反する戦争の遂行等への加担・協力を強制されるまでの事態が生じているとはいえないところであって、全証拠によっても、現時点において、控訴人Aらの具体的権利としての平和的生存権が侵害されたとまでは認められない。

なお、控訴人Fは、本件派遣によってアフガニスタンで行っている自らのNGO活動に支障が生じ、また、アフガニスタン人の対日感情の悪化により生命身体の危険が高まった旨主張するが、アフガニスタンにおける控訴人FのNGO活動への支障又は生命身体への危険が本件派遣によってもたらされたと認めるに足りる十分な証拠はなく、控訴人Fの平和的生存権が侵害されているとは認められない。

そうすると、控訴人Aらは、本件派遣にかかる防衛大臣の処分の取消しを求めるにつき法律上の利益を有するとはいえず、行政事件訴訟（抗告訴訟）における原告適格性が認められない。したがって、仮に本件差止請求にかかる訴えが行政事件訴訟（抗告訴訟）であったとしても、不適法であることを免れない。

（3）控訴人らの本件損害賠償請求について

関係各証拠によれば、控訴人らは、それぞれの重い人生や経験等に裏打ちされた強い平和への信念や信条を有しているものであり、憲法9条違反を含む本件派遣によって強い精神的苦痛を被ったとして、本件損害賠償請求を提起しているものと認められ、そこに込められた切実な思いには、平和憲法下の日本国民として共感すべき部分が多く含まれているということができ、決して、間接民主制下における政治的敗者の個人的な憤慨、不快感又は挫折感等にすぎないなどと評価されるべきものではない。

しかしながら、控訴人Aらの本件差止請求に関して前述したのと同じく、本件派遣によっても、控訴人らの具体的権利としての平和的生存権が侵害されたとまでは認められないところであり、控訴人らには、民事訴訟上の損害賠償請求において認められるに足りる程度の被侵害利益が未だ生じているということはできない。

よって、控訴人らの本件損害賠償請求は、いずれも認められない。

第4　結論

以上のとおりであって、原判決は結論においていずれも正当であるから、控訴人らの本件控訴をいずれも棄却することとし、主文のとおり判決する。

名古屋高等裁判所民事第3部

裁判長裁判官　青山邦夫

裁判官　坪井宣幸

裁判官　上杉英司

半田 滋（はんだ・しげる）
1955年生まれ。防衛ジャーナリスト、獨協大学非常勤講師。元東京新聞論説兼編集委員。元法政大学兼任講師。元海上保安庁政策アドバイザー。1992年より防衛庁（省）取材を担当。2007年、東京新聞・中日新聞連載の「新防人考」で第13回平和・協同ジャーナリスト基金賞（大賞）を受賞。

パラレル——憲法から離れる安保政策

2025年4月17日——初版第1刷発行

著者……………………半田《はんだ》 滋《しげる》

発行者………………熊谷伸一郎

発行所………………地平社
〒101-0051
東京都千代田区神田神保町1丁目32番 白石ビル2階
電話：03-6260-5480（代）
FAX：03-6260-5482
www.chiheisha.co.jp

装丁……………………鈴木 衛（東京図鑑）

印刷製本……………モリモト印刷

ISBN978-4-911256-15-2 C0031

地平社